# LES SORCIERS DU FUTUR

AF859481

610.
28
ETI

Dr Loïc ÉTIENNE

# LES SORCIERS DU FUTUR

MARABOUT

Dr Loïc ÉTIENNE

# LES SORCIERS DU FUTUR

## L'intelligence artificielle pourra-t-elle nous guérir ?

- - JUIL. 2020

PILON

MARABOUT

© Hachette Livre (Marabout), 2020

# Sommaire

**L'intelligence artificielle en question**

# Paul, les robots et les hologrammes

À l'heure dite, ce 18 juin 2039, Paul pénétra dans la salle d'attente du Dr Wurtz, son médecin référent. Il fouilla dans sa mémoire pour retrouver la date à laquelle il l'avait vu pour la dernière fois en chair et en os. Cela faisait au moins cinq ans. Ce jour-là, Paul s'en souvenait avec émotion, le praticien lui avait annoncé qu'il pouvait s'estimer guéri de son cancer de la prostate. Depuis l'annonce de son cancer et jusqu'à aujourd'hui, Paul ne lui avait parlé que par consultation holographique. Il se demanda soudain si l'homme qui allait bientôt le recevoir était tel qu'il l'avait vu autrefois. Le Dr Wurtz n'était pas son cancérologue, mais c'était lui qui pilotait tout. Il savait tout de sa vie et de sa maladie. Paul se sentait un peu intimidé. Lui serrerait-il la main ? Le Dr Wurtz aurait-il cette même attitude compréhensive et chaleureuse que celle que Paul avait ressentie chez lui lorsque, dix auparavant, il lui avait annoncé sa maladie :

— C'est bien un cancer. On savait qu'il allait vous tomber dessus, mais on ne savait pas quand. S'il est très actif, l'invasion locale est heureusement faible et les quelques métastases osseuses que vous avez vont pouvoir être traitées facilement. C'est Carl 500 qui va vous opérer, sous le contrôle du Dr Yasmine, votre chirurgien.

Paul se souvenait encore de la sensation d'effondrement qu'il avait ressentie au creux du ventre à cet instant et du flageolement de ses jambes. Le Dr Wurtz s'était levé pour s'approcher de lui et avait posé la main sur son épaule avec ce mélange de douceur et de fermeté qui avait fait espérer à Paul une issue favorable :

— C'est un cancer, mais on va s'en sortir tous ensemble ! Je vais vous présenter l'équipe qui vous accompagnera jusqu'à votre guérison. Sachez que je serai toujours joignable par consultation holographique. On est tous avec vous !

Le médecin avait approché de l'aisselle de Paul – là où l'on avait implanté son DMI (dossier médical implanté) – une sorte de poignée à la surface légèrement incurvée.

— Voilà ! Tout est inscrit dans votre dossier, il vous suffit d'interroger votre APS (assistant personnel de santé) qui vous donnera au jour le jour la marche à suivre. Tout est fléché et tracé, avec les dates qui ont été déterminées par Agendolib, le gestionnaire d'événements médicaux. De votre côté, vous pouvez à tout moment nous faire part de tout ce qui vous arrive en parlant à votre Visiolib[1]. Nous serons immédiatement informés et nous pourrons vous répondre. N'oubliez pas, toute notre équipe est là pour vous. Votre APS et votre Visiolib seront vos interlocuteurs au quotidien et nous saurons tout ce qui vous arrive grâce à votre DMI.

En sortant du cabinet du Dr Wurtz, il sembla à Paul que le chaud soleil de juin portait en lui quelques lueurs d'espoir. Dès le lendemain, il se rendit au centre clinique d'investigation (CCI) le plus proche de chez lui. Avant d'être reçu en pré-consultation chirurgicale, il fut interrogé par Sophia, l'avatar de son APS. Cette humanoïde, dont il avait choisi l'apparence holographique et le timbre de voix, le salua et lui demanda d'exposer son état de santé actuel. Sa voix douce et naturelle – un sampling de celle de Romy Schneider – était familière à Paul. Il raconta son histoire et, surtout, évoqua ce jour où il avait uriné du sang.

— Oui, je suis au courant, c'est inscrit dans votre DMI, fit Sophia.

— Et le Dr Wurtz est aussi au courant ?

— Ne vous inquiétez pas, tout a été noté.

Puis elle lui posa une série de questions sur son Visiolib. Paul cliqua sur les cases d'un simple clignement d'œil, répondit aux questions de Sophia et écarta de la main quelques écrans. Désormais dans les rues, on ne voyait plus que des gens au regard fixe, qui parlaient ou riaient tout seuls et

1. Lunettes à vision spatiale qui affichent devant les yeux des informations que l'on peut gérer avec la voix et les gestes.

agitaient les mains devant eux comme ils l'auraient fait pour chasser des mouches inopportunes.

— Merci Paul, je transmets tout cela à François, votre manipulateur clinique. C'est lui qui va vous suivre maintenant.

Quelques instants plus tard, le dénommé François, un homme sympathique d'une trentaine d'années, le reçut avec un grand sourire. Il consulta le DMI de Paul sur son Visiolib et entreprit de l'examiner avec une série de capteurs. Tout y passa : le cœur, les poumons, l'abdomen, ainsi qu'une piqûre au doigt pour une analyse de sang complète. Tout en surveillant la bonne marche des différents capteurs, il posait à Paul des questions pour savoir ce que celui-ci avait compris de sa maladie et connaître son état d'esprit du moment. François lui montra aussi dans son DMI toutes les informations collectées.

— Tout est noté. C'est Carl 500 qui va vous opérer, je vous mets en consultation holographique avec le Dr Yasmine.

— Je vous reverrai ? demanda Paul.

— Bien sûr. Sauf urgence ou si je suis absent, c'est moi qui vous suis, en lien étroit avec le Dr Wurtz et le Dr Yasmine. Et Sophia, votre APS, est au courant de tout. C'est votre confidente, vous pouvez tout lui dire. Et si vous ne voulez pas que certaines choses nous soient transmises, vous lui dites seulement « confidentiel ».

Après quelques instants d'attente, le Dr Yasmine apparut en hologramme. Dynamique, positif, la soixantaine, il expliqua à Paul comment Carl 500 allait opérer. Paul, un peu inquiet, demanda s'il n'y avait pas de risque à être opéré par un robot.

— Vous savez, c'est lui qui m'a fait une cœlioscopie de la vésicule et, comme vous voyez, je me porte comme un charme.

Il rit, avant de rappeler à Paul que Sophia était là pour répondre à toutes ses questions, quelle que soit l'heure. Et si une question dépassait ses compétences, le CPI (centre personnalisé d'information) serait disponible et contacterait alors Paul.

Les jours précédant l'intervention, Paul avait pu s'informer à loisir sur tout ce qui concernait sa pathologie. Son DMI lui avait expliqué qu'il possédait malheureusement un gène le prédisposant à cette maladie, ainsi que deux autres gènes qui avaient pu en accélérer la progression. Tout était visible sur une reproduction commentée de tous ses examens superposés (IRM, scintigraphie, biopsies) : le descriptif exact de la localisation du cancer, de ses métastases, ainsi que le degré d'extension. Paul avait ainsi visualisé avec précision son ennemi, et le fait de tout connaître de lui l'avait rendu optimiste et confiant. Les vidéos montraient en particulier comment Carl 500 opérerait sous le contrôle du Dr Yasmine, que l'on apercevait derrière la console de pilotage.

Dans la nuit qui précéda l'intervention, Paul fut réveillé par des sueurs et des palpitations. Grâce à son Visiolib, il se connecta fébrilement sur son APS. L'interrogatoire mené par Sophia avait conclu à une simple crise d'angoisse, et elle lui avait proposé de prendre un comprimé se trouvant dans le kit de pré-intervention qui lui avait été remis par le Dr Yasmine. Elle lui conseilla aussi de contacter le CPI pour qu'on réponde à la question inquiétante qu'il se posait et qui l'avait réveillé. L'infirmière au téléphone avait été très claire et il avait trouvé dans son DMI un article qu'elle avait sélectionné pour lui. Rasséréné, il s'était rendormi.

Le jour de l'intervention, Paul se rendit au centre hospitalier où le Dr Yasmine l'attendait avec l'anesthésiste. Les ondes magnétiques focalisées avaient depuis longtemps remplacé l'anesthésie par voie veineuse et il ne sut même pas, en se réveillant une demi-heure plus tard dans la salle de réveil, qu'il était passé par le bloc opératoire. Deux heures plus tard, muni de son kit postopératoire, il rentrait chez lui. L'analyse du prélèvement avait été effectuée en quelques secondes par Anapath, le logiciel de diagnostic d'anatomopathologie, et validée par l'anatomopathologiste.

Le surlendemain, sa fièvre monta. Il interrogea Sophia, qui conclut à un simple problème viral, sans rapport avec l'intervention.

*

Paul fixait intensément la porte par laquelle devait entrer le Dr Wurtz. Les images de la période qui avait suivi l'intervention lui revinrent en mémoire. Régulièrement, il rencontrait François, le manipulateur clinique avec lequel il avait noué des rapports de confiance, pour des examens réguliers supervisés par le Dr Wurtz, qu'il voyait par consultation holographique. François avait les mains du soignant ; le Dr Wurtz la pensée du traitant. C'était un peu comme si ces deux personnes n'en faisaient qu'une. Parfois, le Dr Wurtz conviait le Dr Yasmine à ces consultations holographiques en présence de François et, face à la maladie contre laquelle il se battait, ces trois personnes faisaient front commun – comme une hydre à trois têtes. Paul avait également noué des liens amicaux avec Amélie, sa gestionnaire personnelle de santé (GPS) attitrée. Elle le rappelait lors des séances de chimiothérapie, s'enquérait de son moral et de sa combativité, et en informait l'équipe soignante.

En cinq ans, les solutions d'intelligence artificielle auxquelles accédaient son Visiolib, son DMI et son APS s'étaient considérablement améliorées. On pouvait leur parler désormais comme à des êtres humains et elles posaient des questions. Paul savait bien que ce n'étaient que des machines, mais leur convivialité lui donnait l'illusion bienfaisante qu'elles le comprenaient. Parce qu'il savait que, sous son aisselle, dans ce minuscule DMI qu'on lui avait implanté, se trouvait la mémoire de toutes ses pensées, même les plus noires, mais aussi de ses victoires sur la maladie, qu'il voyait peu à peu régresser sur les images virtuelles de son corps. Il avait appris à les localiser d'un coup d'œil et son esprit se focalisait sur ces images pour mieux les faire disparaître.

Un jour, le Dr Wurtz prit contact avec lui :

— Je voudrais vous voir, lui dit-il. C'est important ! Demain, c'est possible ?

Paul passa une mauvaise nuit. Il consulta son DMI de fond en comble, revisita ses cinq années de combat. Il appela Amélie, mais elle n'était pas de permanence et c'est une autre jeune femme qui le prit en charge. Malgré les paroles rassurantes de son interlocutrice, il ne trouva le sommeil qu'au petit matin.

À 14 heures, il se rendit au cabinet du Dr Wurtz. Celui-ci l'accueillit avec son sourire habituel, avant d'éclater de rire devant l'air inquiet et renfrogné de Paul :

— Venez, on a de la visite.

Paul entra. Devant lui se tenaient Amélie, François et le Dr Yasmine. Il n'en crut pas ses yeux.

— Savez-vous pourquoi nous sommes tous réunis ? demanda le Dr Wurtz.

— Non, mais ça m'inquiète, fit Paul avec une grimace.

— On voulait vous dire tous les quatre de vive voix que vous êtes guéri ! Guéri !

Paul se mit à pleurer, mais c'était de bonheur.

— Mais on a aussi autre chose à vous dire : l'intelligence artificielle Genomic a décelé, au vu de nombreuses personnes ayant le même profil que vous, qu'il y a une forte probabilité que vous développiez un diabète d'ici à cinq ans. On ne sait pas bien par quel mécanisme, mais c'est ce que l'IA Prédicat a mis en évidence. Nous allons donc prélever chez vous des cellules-souches et les mettre en culture, puis nous allons vous entrer dans le programme de constitution tissulaire, afin de pouvoir vous préparer d'ici à cinq ans un pancréas artificiel avec une imprimante biologique. Si le diabète venait à se manifester, ISIS 3000 vous l'implantera.

— Qui est ISIS 3000 ? demanda Paul

— C'est mon remplaçant, dit le Dr Yasmine en souriant, le tout dernier robot greffeur.

— Mais c'est toujours vous qui serez aux commandes ?

— Toujours. Ce n'est pas demain que les machines vont nous remplacer !

Paul se souvenait comme si c'était hier de cet épisode qui remontait à 2034. Il ferma les yeux pour retrouver le sentiment de bonheur qu'il avait éprouvé alors. Un bruit léger se fit entendre dans la salle d'attente. Paul ouvrit les yeux et le Dr Wurtz apparut dans l'embrasure de la porte. Il souriait.

# Un point d'histoire

# Brève histoire de la notion d'intelligence

Notre vision de l'intelligence a considérablement évolué depuis que l'homme réfléchit sur lui-même et sur sa condition. La paléontologie humaine a démontré de façon certaine que l'être humain d'aujourd'hui est le résultat d'un continuum qui prend ses racines chez l'animal. La quête éperdue du « chaînon manquant » nous rapproche sans cesse de cet instant où l'on peut considérer que les primates dont nous sommes issus ont acquis cette étincelle qui les a transformés en êtres humains primitifs. Sans doute ne saurons-nous jamais quelle a été la nature de cette étincelle ; est-elle est une acquisition soudaine, le résultat d'une évolution progressive ou d'une intention extérieure à notre humanité ?

## L'INTELLIGENCE EST NÉE DANS L'EAU

Ce dont on est certain, c'est que la vie est née dans l'eau, sous la forme d'organismes constitués d'une seule cellule dont certains perdurent (les bactéries, par exemple). Puis ces cellules se sont réunies pour former des organismes pluricellulaires comme les polypes, dont les récifs coralliens sont un exemple. Ensuite, ces unités se sont organisées, dans l'eau et – bien plus tard – hors de l'eau, en juxtaposant des segments. Notre ver de terre en témoigne.

À ce stade, la reproduction est « asexuée », chaque organisme étant en mesure de se diviser en deux organismes identiques. Puis, à force de devoir s'adapter à leur milieu, ces organismes primitifs ont affecté certaines cellules à certaines tâches, ce qui a favorisé l'émergence de fonctionnalités permettant de diversifier les sources d'alimentation et les moyens de déplacement, ainsi que les modes de reproduction et de défense. Certaines espèces ont évolué vers une forme non segmentée. C'est le cas des mollusques dont certains, comme les pieuvres (mollusques céphalopodes), se sont complexifiés au point qu'ils font partie des animaux considérés parmi les plus intelligents. D'autres organismes se sont segmentés et complexifiés pour aboutir aux vertébrés, notre colonne vertébrale étant le témoin de cette évolution.

Quelle que soit l'espèce animale parmi les vertébrés – dont l'homme fait partie –, la segmentation est immuable : tête, corps, membres, queue/coccyx, chacun de ces éléments ayant une fonction bien précise. La réunion des espèces a constitué des rassemblements qui ont amené les individus à se différencier et à évoluer vers une reproduction sexuée.

Qu'il soit ovipare (oiseaux, reptiles) ou vivipare (autres animaux), l'être vivant à naître n'a pas d'autre moyen de subsistance que celui fourni par ses parents. La reproduction sexuée a entraîné une spécialisation masculin/féminin qui a créé mécaniquement une répartition des tâches pour permettre la survie de l'espèce et donc une modification des comportements.

Toute cette évolution, sortie de l'eau puis conquête de la terre et des airs, s'est faite grâce à une adaptation progressive au gré des mutations génétiques, selon ce qu'on appelle la « sélection darwinienne » ou encore la « sélection naturelle ». N'ont survécu que ceux qui ont pu s'adapter, pour survivre en tant qu'individu (nourriture, respiration, défense, etc.) et en tant qu'espèce (reproduction sexuée ou asexuée). Tous ces êtres que nous appelons les « animaux », ont dû évoluer selon l'environnement auquel ils étaient soumis et dont ils tiraient leur subsistance.

## Focus

**Les chimpanzés peuvent communiquer au moyen d'un vocabulaire de cinq cents mots, ils peuvent classer des objets selon leur forme et leur couleur ; les rats sont capables d'apprendre des règles et d'inventer des solutions (transporter un œuf sans le casser, récupérer le contenu d'une bouteille d'huile sans la renverser…) ; de nombreux oiseaux (pigeons, corbeaux, etc.) sont capables de compter sans se tromper jusqu'à dix ; les geais savent trouver une suite logique de formes ; les perroquets comprennent jusqu'à cinquante mots ; les**

**mainates reproduisent à s'y méprendre la voix humaine; les chiens comprennent non seulement les ordres au milieu de phrases complexes, mais également des situations émotionnelles vécues par les humains. Bref, l'intelligence animale est largement sous-évaluée!**

On ne peut donc envisager l'intelligence humaine si on la dissocie de l'intelligence des animaux, dont nous faisons en fait partie. Cela relativise passablement ces fonctions que nous qualifions d'« évoluées » et cela montre aussi que nous avons perdu, au cours de l'évolution et de la spécialisation, nombre de capacités que les animaux ont développées (ouïe, odorat, vision, orientation, instinct, etc.).

Les êtres humains possèdent, dans les gènes de leurs cellules et dans la structure même de leur corps, la mémoire de cette évolution qui remonte à 1,3 milliard d'années: les membres pour se déplacer et se saisir de la nourriture, mais aussi pour fuir, se défendre et fabriquer des outils; la colonne vertébrale et la segmentation tête-corps-membres; les organes pour digérer la nourriture, respirer et conserver l'eau dans l'organisme, la capacité de se défendre contre les agressions microbiennes et d'évacuer les déchets.

Notre cerveau est lui-même segmenté en différents « cerveaux »: le « reptilien », cette structure profonde destinée globalement à l'intendance du corps et à la gestion de ses besoins essentiels; le « limbique », qui intègre toute la sphère émotionnelle; le « néocortex », cette partie noble où siègent la pensée et les fonctions conscientes ou évoluées. Ces différents cerveaux ont une histoire que nous partageons avec le règne animal, dont nous sommes issus.

Enfin, de façon plus microscopique, chacune de nos cellules possède une mémoire – très remaniée – de ces cellules primitives, avec leur enveloppe, leur noyau et leur cytoplasme. Nos cellules conservent en outre cette fabuleuse mémoire enfermée dans l'ADN du noyau de nos cellules et dans l'ADN de nos mitochondries (petites structures de la taille d'une bactérie), qui contiennent un ADN se transmettant de façon non sexuée.

Notre corps possède en lui tous les stigmates de l'évolution darwinienne! Notre cerveau aussi. Chacune de nos cellules également! Notre intelligence est issue de ce lent cheminement qui nous a amenés jusqu'aux êtres que nous sommes.

# L'INTELLIGENCE HUMAINE

L'intelligence n'est pas un bloc compact, elle est multiforme. Les fonctions intellectuelles sont mesurées par le QI (quotient intellectuel, qui recouvre les capacités de calcul, d'idéation, de mémorisation), mais aussi par le QE (quotient émotionnel). D'autres capacités, qu'on appelle « praxies » et qui sont vulgarisées sous les dénominations « intelligence du corps » ou « intelligence des sens », sont l'apanage des artistes, des musiciens, des danseurs, des sportifs et de tous ceux dont les capacités physiques et sensorielles sont hors norme. On parle de la même façon – et de façon abusive – d'« intelligence collective », qui est une sorte de co-construction intellectuelle autour d'un projet. D'autres capacités sont encore soit méconnues, soit dépréciées ou déniées (les visions mystiques, les capacités de prédiction, la transmission de pensée, etc., toutes capacités qui jusqu'à une certaine époque conduisaient directement au bûcher).

Ces parts d'intelligence sont issues en partie du monde animal. Nous nous en servons en permanence, et si nous avons perdu certaines d'entre elles, c'est par manque d'entraînement, notamment dans le domaine physique et sensoriel. Mais nous avons en revanche acquis des capacités et des fonctionnalités diverses, grâce aux interactions complexes que, en tant qu'êtres humains, nous avons avec nos semblables. Nos ancêtres étaient-ils plus intelligents ou moins intelligents que nous ? L'inventeur de la brouette l'était-il plus ou moins qu'Einstein ? Et un hypermnésique qui retient cinq cents pages du bottin après une seule lecture l'est-il plus que Debussy qui a déchiffré et réduit au piano dès la première lecture la partition du *Sacre du printemps* de Stravinsky ?

Notre condition humaine nous programme à la certitude que nous allons tous mourir. Elle nous a donc amenés à envisager des rites funéraires et à construire des croyances, révélées ou non. Elle nous apprend à vivre en société suivant des règles morales et éthiques, à instaurer la justice et le libre arbitre. Elle nous oblige à concevoir des systèmes politiques pour que ces règles soient établies, ordonnées et respectées. Elle nous accorde des droits, mais nous impose aussi des devoirs. Elle nous confronte à la douleur, à la souffrance morale et physique, aux dysfonctionnements du corps et de l'esprit. Elle nous conditionne à la recherche du bonheur ou d'une souffrance moindre, à l'amour et à ses contraires, au panel chatoyant des sentiments humains. Face à elle, on relativise par l'humour, on compense par les maladies qu'on fabrique ou qu'on laisse nous accabler. On sait détruire notre corps autant que notre esprit, mais on sait aussi être résilient, rebondir, se régénérer, guérir, se sublimer ! Peut-être avons-nous une âme, une conception éthérée du temps ? C'est toute la grandeur et la faiblesse de notre condition humaine dans un système solaire qui disparaîtra dans 4 milliards d'années.

## L'INTELLIGENCE ARTIFICIELLE

C'est l'objet même de ce livre. Elle dispose d'une mémoire quasi infinie et immédiate – une supériorité incontestable sur l'être humain. Elle possède une puissance de calcul et de mise en corrélation dont l'esprit humain est incapable. Elle est en mesure d'apprendre, toutefois de façon assistée par les humains. Mais, à tout ce qui a été évoqué plus haut, la machine n'a aucune part : elle ne comprend rien de ce qu'elle fait, elle est incapable d'inventer autrement que par le fruit du hasard et non à partir d'un projet. Même si l'on peut la conditionner pour qu'elle reconnaisse des émotions, elle ne peut comprendre « dans sa chair ». Elle n'a aucune conscience d'elle-même ni de sa condition, car sa finitude n'est pas pour elle un enjeu.

Elle possède en outre une différence majeure avec l'être humain : son langage. Nos fonctions humaines sont gouvernées par des molécules qui sont autant de messagères de la communication des organes entre eux ; la machine ne fonctionne que grâce aux mathématiques et aux chiffres, ce qui est bien dérisoire face à la puissance du vivant.

Ce livre pourrait s'arrêter là. En effet, si l'intelligence artificielle est une tentative de mettre en œuvre un certain nombre de techniques visant à permettre aux machines d'imiter une forme d'intelligence réelle, humaine, on peut affirmer sans se tromper qu'elle n'existe pas encore et penser qu'elle n'est pas près d'exister. Mais ce serait négliger le génie humain qui fera évoluer la machine. Et donc nier la formidable inventivité que notre condition humaine nous force à développer.

# Brève histoire de la médecine moderne

On ne peut concevoir les raisons qui ont introduit l'idée d'intelligence artificielle en médecine sans comprendre le long cheminement de l'intelligence humaine pour lutter contre la maladie et la mort.

L'histoire de la médecine est un continuum qui remonte aux origines de l'humanité, se soigner étant aussi important que se nourrir. Nous disposons des preuves de la capacité des premiers hommes à réaliser des interventions chirurgicales, et on sait, par les collectes d'informations réalisées auprès de populations tribales, que la pharmacopée par les plantes était une composante essentielle des médecines primitives. La quasi-totalité de ces médecines ont eu la conscience précoce d'une relation entre le macrocosme (l'environnement) et le microcosme (l'enveloppe humaine) avec, pour toile de fond, la mort inéluctable. La recherche des signes dans les oracles et les manifestations du macrocosme permettaient au sorcier et au chaman de prévoir la maladie. Ainsi, la médecine chinoise voit dans les « énergies perverses » des menaces qui vont fondre sur l'individu en fonction de cycles de yin et de yang. Se trouver en « vide de yin » nous expose à voir cet espace comblé par une énergie perverse venue du macrocosme qui va entraîner la maladie. D'où la nécessité de « recharger » l'organisme en yin et de bloquer l'entrée des énergies perverses grâce à la stimulation de certains points d'acupuncture.

## Focus

**Dans la Chine antique, si l'empereur tombait malade, on coupait la tête du médecin qui n'avait pas su prédire la survenue de la maladie. Ce fut sans doute, 5 000 ans avant notre ère, la première médecine préventive au monde. Dans les sociétés tribales, le sorcier, le chaman, prend sur lui le mal du patient grâce au pouvoir qu'on lui prête et au rituel thérapeutique qu'il instaure; son talent consiste à s'en débarrasser pour ne pas en devenir la victime à son tour. C'est une technique que les psychanalystes connaissent bien quand ils vont consulter leur « contrôleur » pour ne pas subir les conséquences de leur « neutralité bienveillante ». En cas d'échec, le psychanalyste perd un patient, mais le sorcier, lui, est chassé, voire exécuté, décision qui n'est pas prise à la légère par la tribu.**

La pharmacopée dont nous nous prévalons aujourd'hui tire son origine des observations menées par l'humanité. L'aspirine a été extraite de l'écorce de saule, la digitaline de la digitale et certains traitements anticancéreux sont la reconstitution de molécules extraites de plantes. L'observation, la collecte d'informations, leur contextualisation et l'expérimentation sont à l'origine de toutes les découvertes dans ce domaine. La forêt amazonienne et les forêts primaires de Madagascar recèlent encore des trésors que nous sommes en train de détruire à force de déforestation sauvage.

Toutes ces médecines ont allié l'observation et l'élaboration d'un modèle interprétatif. La conception que les Anciens se faisaient du monde a généré des croyances qui permettaient au sorcier de prendre sur lui le mal du patient et de savoir habilement s'en décharger sur l'esprit des Ancêtres. À l'époque d'Hippocrate, au IVe siècle avant J.-C., le monde était dominé par le *fatum*, la fatalité venue des dieux, et par ce rapport entre macrocosme et microcosme. Cela donna naissance à la « théorie des humeurs », qui reposait sur une analogie entre les liquides du corps humain et les éléments constitutifs de notre planète. Cette théorie perdura jusqu'au XVIIIe siècle, le personnage de Diafoirus campé par Molière en étant l'archétype. L'interprétation des faits avait occulté leur analyse et ces vingt-deux siècles d'« humeurs » empêtrèrent la médecine dans un discours fumeux. De fortes personnalités comme Michel Servet, André Vésale, William Harvey ou Léonard de Vinci, tentèrent entre-temps d'apporter un éclairage nouveau qui fut aussitôt étouffé par les successeurs d'Hippocrate et la théologie. Le *fatum* ne venait plus des dieux, mais de Dieu, dont la main vengeresse envoyait la maladie sur les hommes pour l'expiation de leurs fautes.

Le précurseur de la médecine moderne est sans doute René Descartes qui, au XVIIe siècle, avec sa théorie de l'homme-machine, amena l'idée que le corps humain est un mécanisme que l'on peut observer grâce à la raison. Dès lors, les sciences fondamentales allèrent de découverte en découverte, entraînant dans leur sillage une médecine qui, peu à peu, se détacha de ses vieilles certitudes. À partir de 1815, tout s'accélère et les grands noms de cette science, comme Jean-Nicolas Corvisart[1] ou René Laënnec[2], vont être de fameux catalyseurs de l'examen clinique. L'observation du patient se fait grâce aux yeux, aux mains et aux oreilles des médecins, mais aussi grâce à des objets qui amplifient ce que fournissait la simple observation. En 1855, Claude Bernard invente la notion de physiopathologie[3], qui est sans doute l'un des fondements de la médecine moderne : la maladie a une cause seconde, qui est la « lésion des tissus », et une cause première qu'on appelle « étiologie » ; les symptômes ne sont que l'expression du dérèglement de l'organisme à la suite de cette lésion. La méthodologie scientifique en médecine était née.

C'est dans ce contexte qu'intervient Louis Pasteur, qui introduit la notion d'asepsie pour éviter la contamination bactérienne. Cette idée secoue alors de rires le Congrès de gynécologie de 1858, où il l'expose. Les chirurgiens de l'époque opéraient à mains nues, ce qui entraînait une mortalité opératoire très forte. Mais les faits sont là et, grâce à l'asepsie, la chirurgie progresse considérablement.

À partir du milieu du XIXe siècle, on parvient à isoler les principes actifs des plantes médicinales. Les médecins disposent de drogues essentielles : émétine, strychnine, colchicine, quinine, digitaline, codéine, morphine. Tous ces médicaments sont pris par la bouche et il faut attendre 1845 pour que soit réalisée la première injection sous-cutanée. Grâce à la vaccination, les maladies infectieuses comme le choléra, la fièvre jaune, le tétanos, la rougeole, la coqueluche ou la poliomyélite vont régresser. La découverte de la

1. Inventeur de la percussion dans l'examen clinique.
2. Inventeur du stéthoscope, Laënnec a donné naissance à la médecine par l'auscultation.
3. *Leçons de physiologie expérimentale appliquée à la médecine (1855-1856).*

pénicilline par Alexander Flemming en 1928 est une avancée majeure qui marque le début de l'antibiothérapie.

Peu à peu, la notion de diagnostic devient centrale. D'abord parce qu'elle s'inscrit dans la droite ligne de la recherche d'une étiologie (une cause) qui guidera le traitement, mais aussi parce qu'on va, grâce à la chimie et à la radiologie, compléter l'examen clinique. On peut désormais observer le corps grâce aux rayons X et évaluer indirectement le bon ou le mauvais fonctionnement des organes grâce à la biologie. On examine les tissus au microscope, ce qui donnera naissance à l'anatomopathologie, à l'origine de la classification de nombreuses maladies comme le cancer.

## Focus

**Avant les années 1960, le médecin posait son diagnostic grâce à l'examen clinique fondé sur la palpation. Les patients disaient qu'ils avaient un bon médecin, car il avait un « bon diagnostic ». Dans le cas de l'appendicite, par exemple, le chirurgien opérait et, une fois sur deux, l'appendice était normal. Jusque vers les années 1990, le médecin, plus modestement, ne parlait plus que de « suspicion d'appendicite » en corroborant son examen clinique par des radios et des analyses. Le chirurgien opérait et, une fois sur deux encore, l'appendice était normal. Dans les années 2010, on parle toujours de « suspicion d'appendicite », mais les preuves doivent être directes grâce à l'imagerie médicale (scanner, échographie). Le chirurgien opère et, une fois sur deux, l'appendice... est normal ! D'ici à dix ans peut-être, en faisant concorder les données génétiques obtenues par la connaissance du génome et les *smart data* (les masses de données intelligentes recueillies sur un nombre considérable de patients), nous serons en mesure de faire de la médecine prédictive. Un jour, peut-être, il sera possible de prévoir le moment où une personne aura une appendicite. Et quand le chirurgien opérera, dans 100 % des cas, l'appendice ne sera pas normal et devra effectivement être retiré.**

La Seconde Guerre mondiale marque un tournant inattendu sans lequel notre médecine actuelle n'existerait vraisemblablement pas. Paradoxalement, ce n'est pas du monde médical que ce changement est venu, mais du premier ordinateur inventé par Alan Turing en 1945. L'informatique va transformer l'information en une série de 0 et de 1. La médecine va peu à peu s'en emparer et cette « numérisation du vivant » va donner naissance à l'imagerie médicale actuelle (IRM, scanner, caméra à positon, etc.). Les ordinateurs sont désormais intégrés à tout exercice médical, pour le diagnostic comme pour le traitement.

Tout aussi importants que l'informatique, les progrès dans les matériaux et la miniaturisation des objets vont permettre d'envisager des solutions thérapeutiques, comme l'implantation de solutions bioélectroniques pour surveiller certaines fonctions de l'organisme (pacemaker par exemple) et suppléer la déficience d'organes vitaux. Le décryptage du code génétique, dont on connaît maintenant tout le séquençage, et la capacité d'intervenir sur l'ADN ont permis à la science humaine de pénétrer au plus intime de la cellule. C'est une porte qui s'ouvre sur un monde dans lequel l'intelligence artificielle aura une part considérable. À cela s'ajoute la maîtrise des greffes d'organes, entamée avant les années 1960 et, surtout, les progrès fulgurants des imprimantes biologiques qui mettent symboliquement la science à l'égal de Dieu. La tentation transhumaniste est en marche.

# Brève histoire de l'intelligence artificielle

Voici l'une des définitions communément admise de l'intelligence artificielle : « L'intelligence artificielle[1] consiste à mettre en œuvre un certain nombre de techniques visant à permettre aux machines d'imiter une forme d'intelligence réelle. » Marvin Lee Minsky[2] en donne une autre, plus complète : « L'intelligence artificielle correspond à la construction de programmes informatiques qui s'adonnent à des tâches qui sont pour l'instant accomplies de façon plus satisfaisante par des êtres humains car elles demandent des processus mentaux de haut niveau, tels que l'apprentissage perceptuel, l'organisation de la mémoire et le raisonnement critique. »

L'idée d'une intelligence produite par les machines a vu le jour dès le XVII^e siècle avec Blaise Pascal, qui inventa la première machine à calculer sur le même principe que les engrenages des horloges. Cela a poussé à croire qu'une machine, un automate par exemple, pouvait être douée d'intelligence. L'automate joueur d'échecs, aussi appelé « le Turc mécanique », construit en 1771 par le baron von Kempelen, en est une illustration qui a passionné les foules jusqu'au moment où la supercherie a été découverte : un homme de petite taille, bon joueur d'échecs, se cachait à l'intérieur ! Mais dès cette époque, le départ de la course était donné : prouverait qu'elle est aussi intelligente que l'homme, la machine qui serait capable de battre le champion d'échecs de son époque !

1. Abrégée en IA (ou AI en anglais, pour *artificial intelligence*).
2. Cofondateur du groupe Intelligence artificielle au Massachusets Institute of Technology (MIT).

D'autres automaticiens, comme Jacques Vaucanson ou l'abbé Mical, mirent au point des « têtes parlantes » capables de reproduire – imparfaitement mais de façon effective – la voix humaine. En 1876, Graham Bell, en inventant le téléphone, a été l'un des pères de la modélisation de la voix humaine grâce à la représentation du son par des signaux électriques. Ce que Descartes estimait possible venait d'être réalisé.

En 1930, Vannevar Bush construisit un proto-ordinateur, une machine énorme constituée de composants électriques et de pièces mécaniques. Jusqu'à la Seconde Guerre mondiale, afin de faire croître la mémoire et la capacité de calcul, le nombre de composants augmenta jusqu'à compter 2 000 tubes cathodiques et 150 moteurs électriques. Ce n'est qu'avec l'invention du transistor puis des circuits imprimés que l'ordinateur va diminuer en taille et augmenter en vitesse et en capacité de calcul.

C'est à John McCarthy que l'on doit, en 1955, l'invention du terme « intelligence artificielle », mais rien n'aurait été possible sans Alan Turing, l'inventeur du premier ordinateur durant la Seconde Guerre mondiale. À cette époque, l'armée allemande avait mis au point Enigma, une machine de cryptage des messages. Il était vital que les alliés parviennent à les décrypter. La machine conçue par Turing va y parvenir, ce qui jouera un rôle certain dans l'accélération de la défaite allemande. En 1945, après la publication par von Neumann de la structure de ce que pourrait être un ordinateur, Turing met au point l'ACE (*Automatic Computing Engine*), que l'on peut considérer comme la première application informatique de l'Histoire dédiée à une tâche complexe. Il élabore aussi un test qui porte son nom et qui a servi longtemps de « mètre étalon » pour déterminer si une machine est ou non intelligente. Ce test a cependant une limite, car certains comportements intelligents ne sont pas humains (la capacité de résoudre des problèmes difficiles ou des calculs astronomiques, par exemple) et, à l'inverse, certains comportements dus à une intelligence humaine ne sont ni parfaits ni rationnels. On se trouve donc confronté à une vision « anthropomorphique » de l'intelligence. L'intelligence artificielle est alors avant tout une tentative pour créer une intelligence humaine reconstituée. Et, comme on le verra plus loin, elle est à ce jour encore loin du compte !

Revenons à 1956, le point de départ de l'intelligence artificielle moderne. Une trentaine de chercheurs américains se retrouvent au début de l'été au Summer Camp de Dartmouth, dans le New Hampshire (États-Unis). Parmi eux, Arthur Samuel et Nathaniel Rochester, à l'origine de l'IBM 701, le premier ordinateur scientifique conçu en 1952. Leur idée était de reproduire, grâce à des ordinateurs, les composantes de base de l'intelligence humaine : le langage, la reconnaissance des images et des sons, le raisonnement. À cette époque, il n'existait qu'une centaine d'ordinateurs dans le monde, qui fonctionnaient grâce à des lampes et occupaient une pièce entière. Ce n'est que huit ans plus tard, lorsque la technique des transistors sera maîtrisée, que l'IBM 360 sera commercialisé.

Deux ans plus tard, les mêmes compères se retrouvent au congrès de Middlesex en Angleterre et commencent à modéliser la pensée en utilisant la logique heuristique. Cette logique – qui n'a rien à voir avec le bonheur ! – consiste à résoudre le plus rapidement et le plus simplement possible des problèmes complexes, sans élaborer de théorie compliquée et tout en sachant que ce n'est sans doute pas la solution optimale. Pour utiliser une image plus parlante, on monte rapidement des échafaudages et on construit une maison habitable qui ne sera sans doute pas la maison définitive. Cette façon de concevoir les programmes va libérer la pensée de tout dogmatisme.

En 1960, Oliver Selfridge, qui était présent à Dartmouth et à Middlesex, jette les bases des réseaux neuronaux servant à la reconnaissance des formes. Ainsi, ce qui est considéré – de façon excessive – comme à la pointe de notre intelligence artificielle actuelle, le *deep learning*, remonte à près de soixante ans ! Deux éléments fondamentaux ont empêché l'application de ces réseaux à la médecine : la capacité à numériser des images, qui remonte aux années 1990, et la puissance de calcul des machines. Oliver Selfridge avait tout simplement soixante ans d'avance !

Sur le plan du raisonnement, l'évolution va être considérable à partir des années 1960, quand le langage LISP (LISt Processor) créé par McCarthy va permettre de développer la « logique formelle ». Le principe consiste à définir une base de faits (la signalisation routière, par exemple) et une base de règles (le Code de la route), afin de pouvoir, à partir d'une situation décrite, remonter un raisonnement qui explique pourquoi on ne doit pas passer au feu rouge. Ces « moteurs d'inférence » peuvent remonter vers le passé ou vers la source des événements (chaînage arrière) ; ils peuvent aussi aller vers le futur ou vers la déduction d'une situation possible (chaînage avant).

La démonstration automatique de théorèmes mathématiques a été le terrain de jeu exploratoire de la logique formelle. Il fut ainsi possible de démontrer toute la géométrie euclidienne à partir d'un millier de règles. Mais cette forme de raisonnement par « moteurs d'inférence » a une limite : si une situation pratique est hors du champ des bases de règles et des bases de faits, le système est bloqué (*deadlocks*), chacun des faits et des règles attendant une réponse de la part de l'autre.

### Focus

**MyCin, l'un des premiers systèmes experts de diagnostic, créé en France en 1972, finira par être abandonné en raison de la quantité énorme de *deadlocks* liés au fait que l'on est loin de tout savoir sur les maladies. Cela rend le système incapable de prendre une décision s'il ne trouve pas un diagnostic, ce qui est souvent le cas dans la pratique médicale courante.**

**Entre 1964 et 1966 apparurent les premiers chatbots (petits robots censés comprendre nos demandes) simulant un dialogue avec un psychiatre. Cela était rendu possible grâce à ce qui fut appelé la compréhension du « langage naturel ». Cette avancée majeure fit croire, du fait de ses performances, que la machine comprenait. De fait, ELIZA, l'un des plus célèbres chatbots, et SHRDLU (1968) soutenaient avec succès une conversation avec un patient. Nombreux sont les chatbots actuels qui sont moins « intelligents » que ceux de cette époque.**

En 1971, aux États-Unis, se produisit un événement en apparence insignifiant : le vote des Mansfield Amendments, qui donnait à l'armée des pouvoirs détenus auparavant par le civil. Comme, dans ce secteur, les communications sont essentielles pour gagner les batailles, l'armée mit le paquet sur cette recherche. En 1971, ARPANET était inventé et le premier e-mail envoyé ! Ainsi voyait le jour l'ancêtre de l'Internet, qui allait révolutionner la planète trente ans plus tard.

Mais pour que tout cela fonctionne, il fallait des machines et des systèmes d'exploitation. Micral, Microsoft, Apple, Oracle, Xerox et autres noms fameux ont vu le jour entre 1973 et 1980. C'est à cette époque qu'Apple sort l'Apple II et IBM le PC. En 1984, alors que le PC nécessitait de connaître une syntaxe compliquée, le fameux Macintosh fait pénétrer les ordinateurs dans la vie des non-informaticiens.

*Je me souviens avoir été parmi les premiers, en France, à bénéficier du Macinstosh 128K : une boîte carrée avec un petit écran et un mangeur de disquettes rigides. Sur cette disquette se trouvait le système d'exploitation, le ou les logiciels et les données. Tout ça dans 128 kilo-octets. C'est dire si chaque octet comptait ! Je pilotais avec ça mes synthétiseurs de musique, qui étaient synchronisés avec le magnétophone huit pistes à bandes d'un pouce. C'était il y a trente-cinq ans seulement et tout mon entourage ouvrait des yeux ronds en se demandant à quoi pouvait bien me servir un ordinateur !*

La guerre entre les deux technologies durera jusque vers 1995, quand les deux machines finiront par confluer et dialoguer. Cette démocratisation de la micro-informatique va mettre l'innovation et la création à portée d'un plus grand nombre. Les sociétés de taille moyenne, puis les petites entreprises et même les particuliers vont pouvoir, grâce à l'augmentation de la puissance de calcul des PC et au foisonnement des logiciels, fabriquer des applications toujours plus innovantes, toujours plus gourmandes en mémoire. Mais, comme la puissance de stockage des données et la vitesse des horloges ne font que croître au fil des ans, on assiste à un essor prodigieux, sinon de l'intelligence artificielle, du moins de la pénétration de l'informatique dans la vie quotidienne.

En médecine, grâce aux ordinateurs des années 1970, les systèmes experts, qui envisagent de faire du diagnostic comme le fait un médecin, voient le jour dès 1972 avec MyCin (voir encadré page 30). Cet intérêt va décroître à partir des années 1980, car l'ouverture vers le langage naturel, et donc vers la compréhension du langage humain par la machine, va sembler beaucoup plus porteuse. En France, le Minitel va prendre une voie très originale, hélas non suivie par les autres pays, France Télécom n'ayant pas réussi à convaincre de l'intérêt de ce standard. C'est en tout cas la première fois que des patients comme des médecins peuvent, de chez eux ou de leur cabinet, trouver des informations (c'est le début du monde 1.0), communiquer entre eux (le monde 2.0), voire accéder à de petits programmes d'intelligence artificielle (le monde 3.0). Cette démocratisation du savoir va préfigurer les années 2000, où l'Internet envahit la planète. Au début un peu lents, puis de plus en plus rapides, les « navigateurs » permettent de « surfer sur le web » : Netscape en 1994, puis Internet Explorer en 2000, suivi par d'autres comme Firefox, Safari ou Google Chrome. Tous ces noms qui nous sont désormais familiers ont mis du temps à créer de nouvelles connexions dans la tête des utilisateurs. Avec cette révolution copernicienne de l'Internet, le monde ne sera plus jamais pareil et, à moins d'un cataclysme planétaire, on ne pourra plus revenir en arrière.

Dès les années 1990, la puissance des machines permet d'envisager des secteurs de l'intelligence humaine où l'ordinateur est le plus puissant. Ainsi, la victoire de Deep Blue d'IBM contre Kasparov en 1997 marque un tournant, tout comme celle de Google Deep Mind AlphaGo au jeu de go contre le champion du monde en 2015 ou les succès au poker de Deep Stack en 2017, qui ont montré que la puissance de calcul dans des tâches précises pouvait mettre l'intelligence humaine en échec. Est-ce pour autant de l'intelligence ? La réponse est non, car même si les machines sont parfaitement programmées et destinées à ces jeux, elles sont d'une totale stupidité ! Tous leurs succès au jeu s'appuient sur ce qu'on appelle de l'intelligence artificielle « connexionniste » et du *deep learning*. En d'autres termes la capacité à « bouffer de la data ».

Le *data mining* et le *machine learning* ainsi que les agents intelligents des années 2000 vont nécessiter l'agrégation de nombreuses données. C'est l'apparition des *big data*[1] vers 2007, du web sémantique (ou web 3.0) et du *deep learning* qui vont modifier la conception que l'on se fait de l'intelligence artificielle. Jusqu'alors, l'intelligence était considérée comme une valeur dictée par la pertinence d'un raisonnement. De nos jours, on a fait glisser l'intelligence vers la seule capacité de rapprocher des données disjointes simplement par la puissance de calcul. Ce n'est plus le sens des choses qui guide l'intelligence, mais les statistiques et les données.

En fait, en ce début de XXIe siècle et au stade où nous en sommes, trois grandes écoles de pensée s'affrontent.

## Le « connexionnisme »

C'est le domaine le plus en vogue actuellement, car il a pour application principale la voiture autonome. Il utilise le principe de l'apprentissage. Il se focalise sur la perception, la reconnaissance des formes et s'appuie

1. Littéralement, « grosse masse de données ». Le volume de ces mégadonnées est tel qu'elles ne sont plus accessibles aux capacités humaines d'analyse et nécessitent donc des programmes informatiques pour les explorer.

sur les réseaux neuronaux artificiels qui miment, à toute petite échelle, le fonctionnement de nos neurones. Il ne fonctionne que par probabilité.

C'est dans ce mode de pensée que l'on classe le *deep learning* et le traitement de la vision ou de la parole. Il s'agit d'un raisonnement inductif qui utilise des méthodes sur lesquelles nous reviendront en détail.

Olivier Ezraty[1] donne une image très parlante pour expliquer la méthode connexionniste : « Elle consisterait à apprendre à l'enfant en bas âge à traverser la rue en le laissant aller au hasard, en espérant qu'il apprenne de ses erreurs et ne se fasse pas écraser. » Cette méthode pragmatique, hautement risquée dans cette métaphore, a toutefois l'avantage d'apprendre par itération pour des domaines extrêmement complexes dont on ne connaît pas les règles.

## Le « symbolisme »

Il est en déclin depuis que la puissance des machines a permis d'envisager le calcul d'univers complexes. Ce type d'intelligence artificielle consiste à appliquer un raisonnement logique et une représentation des connaissances permettant de relier des objets et des faits au moyen de connecteurs logiques (« appartient à », « fait partie de », « est équivalent à », etc.). Il fonctionne avec des algorithmes, c'est-à-dire des programmes qui raisonnent de la façon suivante : « Si..., et si..., et si..., alors... » ! C'est un raisonnement déductif qui utilise les statistiques et les mathématiques. On classe dans cette catégorie les systèmes experts et les moteurs d'inférence utilisant les bases de règles.

La méthode symbolique a pour objectif de « donner à l'enfant des règles pour traverser la rue : regarder des deux côtés de la route, traverser sur les passages piétons, respecter les feux et, éventuellement, traverser vite et tenir la main de l'adulte qui l'accompagne ». Cette méthode est moins risquée que le « connexionnisme », mais si une règle n'a pas prévu un cas fortuit, l'enfant se fera écraser quand même.

---

1. *Les Usages de l'intelligence artificielle*, 2018 : https://www.oezratty.net/wordpress/2018/usages-intelligence-artificielle-2018/

## Le « comportementalisme »

Cette méthode essaye de modéliser les émotions humaines, donc de les reproduire. Elle est très importante pour la robotique, les chatbots et ce qu'on appelle « l'interface homme-machine ».

La méthode comportementaliste appliquée à l'exemple de l'enfant qui traverse la rue consisterait à répertorier toutes les émotions (sentiment de peur, de sécurité, de stress, de bien-être, etc.) et à les affecter aux différentes situations rencontrées. Par exemple : « Si tu te sens en sécurité, tu peux continuer à traverser. Par contre, si tu ressens une peur, c'est qu'il y a un danger en traversant et donc... ? » Cette méthode n'est ni symbolique ni connexionniste et elle ne permet pas de savoir quoi faire face à cette situation. Mais elle saura pourquoi elle a repéré cette peur et donnera des instructions pour mettre en œuvre la décision qui lui semble adaptée.

Étrangement, la médecine se trouve devoir emprunter à ces trois courants de pensée, ce qui en fait un terrain de jeu et d'expérimentation particulièrement riche depuis le CES 2016 de Las Vegas (Consumer Electronic Show). Quoi qu'il en soit, aucune de ces trois « intelligences » n'en est véritablement une : en effet, même si certaines machines étaient en mesure d'expliquer ce qu'elles font, elles ne comprendraient pas pourquoi elles le font. Une chose est d'expliquer le Code de la route, une autre est de comprendre comment l'appliquer et ce qu'il signifie réellement.

C'est là que se trouve le grand malentendu sur l'intelligence artificielle, mais aussi de là que proviennent les peurs, les fantasmes et la déraison qu'elle génère. Disons-le tout net : l'intelligence artificielle n'existe nulle part dans le monde ! C'est ce que ces pages vont démontrer. Les risques de l'intelligence artificielle en santé ne sont absolument pas ceux que l'on croit, mais bien d'autres nous guettent si nous jouons les apprentis sorciers.

Les trente dernières années ont fait perdre à beaucoup de médecins ce qui faisait leur humanité et leur sagesse et ont abouti à une médecine mécanisée. Je suis intimement persuadé qu'une intelligence artificielle éthique et responsable permettra aux sorciers du futur de faire émerger une médecine plus humaine et d'une exceptionnelle efficacité. On comprendra pourquoi je pense ainsi à la lumière de ce qui va suivre.

# La relation médecin-patient

# Sur une nappe de bistrot

Un jour de février 1987, au petit matin, nous étions une douzaine de médecins dans le restaurant parisien *Chez Denise*, après une nuit de garde. Belle tablée, avec encore assez d'énergie pour lever la fourchette et engloutir tripes, rognons, onglets et entrecôtes. Les frites sont bonnes, le vin coule en abondance et on finit, après le baba au rhum, par l'inévitable prune du patron. Les médecins de nuit ont besoin de ce moment de convivialité, ils se racontent leurs histoires de patients, ce qui s'est passé au cours de la garde et ce dont ils ont parfois entendu les échos sur la radio CB de SOS Médecins. C'est aussi l'occasion de rire, de parler des projets et des soucis, des états d'âme et de la fatigue, des problèmes existentiels et des futilités, du sport et du show-biz. On se raconte et, lorsque l'autre vous écoute, on sait qu'il porte en lui la bienveillance de quelqu'un qui ressent les mêmes joies et les mêmes angoisses que soi, à cause de cette vie un peu en marge des autres, au milieu de ceux qui ont traversé la nuit. Finalement, grâce à la parole et à l'alcool, on évacue une partie des images parfois terribles, des odeurs et des cris de souffrance qui font notre quotidien, de ces histoires que notre inconscient va devoir digérer.

À cette époque encore, les bouchers débarquaient à 6 heures précises, leur tablier blanc plein de sang, et nous lançaient au passage, en nous défonçant le dos d'une bourrade, la phrase consacrée : « Alors les toubibs ! Toujours au régime ! », ce à quoi nous répondions invariablement : « Alors, vous en avez assassiné combien ? » Rires. Et même si ce n'était pas drôle, la convention était là qui attestait que nous étions du même monde. Pascal, le serveur, nous apportait d'autorité le brouilly, le pâté et le saucisson avant de prendre les commandes.

Ce bistrot parisien qui ne ferme jamais, sauf le dimanche, est toujours plein : noctambules, fêtards, musiciens et acteurs après le spectacle, tout un monde qui, comme nous, est affamé au bout de la nuit. On fumait encore à cette époque dans les restaurants, les contrôles d'alcoolémie n'existaient heureusement pas lorsque nous sortions de table après avoir refait le monde. Et, le lendemain soir, nous brûlerions de nouveau nos vies à sillonner Paris, gyrophare en action, traînant notre matériel médical dans les escaliers d'immeubles le plus souvent dépourvus d'ascenseur. Les pathologies étaient lourdes, chacun d'entre nous était seul en visite, seul à devoir gérer des patients que nous ne connaissions pas et que nous ne reverrions sans doute jamais. Chaque visite était une aventure, une remise à zéro des compteurs, on ne pouvait se raccrocher à rien. Chaque geste nous engageait sans que nous ayons la possibilité de « rattraper le coup ». Il nous arrivait souvent de nous demander avec inquiétude si nous avions pris la bonne décision, si nous n'étions pas passés à côté d'un diagnostic grave. Cette médecine des années 1980 était faite d'engagement, d'invention, de cocktails maison qui étaient notre norme – un consensus entre nous –, d'erreurs bien sûr – ce qui guette tout acte médical –, mais aussi de sauvetages par les cheveux, de petits miracles, de soulagement de la douleur, d'écoute inlassable de la plainte du patient. Dans le système de santé d'alors, la prévention était encore dans les limbes. Les pathologies étaient par conséquent au rendez-vous : pas une nuit où nous n'ayons pas été confrontés au moins à deux infarctus, pas une nuit où nous n'ayons pas eu droit à l'inévitable œdème pulmonaire de 5 heures du matin, pas une nuit où nous n'ayons pas dû faire face à des hémorragies digestives, à des tentatives de suicide, à des toxicos en manque, à des crises d'asthme anthologiques et à toute une panoplie de maladies que nous ne voyons plus désormais. Tout cela fait heureusement partie du passé grâce aux politiques de prévention et de dépistage. Mais c'était alors notre quotidien. Les protocoles thérapeutiques et les recommandations médicales n'en étaient qu'à leurs débuts, le 15 n'existait que depuis peu, les urgences étaient de vraies urgences, on ne parlait pas encore de « consumérisme médical ». Surtout, on ne parlait pas de « patients », mais de « malades ». Ceux qui n'avaient pas de mutuelle payaient de leur poche le ticket modérateur, la CMU n'existait pas, et il nous arrivait souvent de ne pas être payés. C'étaient les clients étrangers des hôtels qui nous permettaient de nous récupérer pour tous ces actes gratuits – l'une des règles du code de déontologie et du serment d'Hippocrate. Mais nous vivions notre vie de jeunes médecins dans la joie et la liberté, avec sentiment d'être utiles et irremplaçables.

Ce matin-là, vers la fin du repas, l'un des médecins, Vincent Jeannerod, nous raconte qu'il a vu en début de nuit un jeune enfant qui s'est brûlé avec une casserole d'eau chaude. Affolée, la mère s'était souvenue qu'une amie lui avait dit de mettre du gras sur les brûlures. Pensant bien faire, elle cherche un tube de vaseline, n'en trouve pas, et associe cette idée avec celle de tube dentifrice dont elle tartine généreusement la peau brûlée. Bien sûr, l'enfant hurle encore plus fort et finit par faire une convulsion, sans doute liée au menthol.

— Tu vois, me dit Vincent, si on donnait des conseils médicaux par Minitel, ce genre d'histoire n'arriverait plus !

L'idée sonne comme une évidence. Tous les deux, on échafaude, on imagine, on rêve... En rentrant chez moi, le cerveau en ébullition, je jette sur le papier des schémas, des idées et, vers 11 heures du matin, épuisé, je vais me coucher. Sans doute pour m'endormir en faisant des rêves agités où un Minitel sur pattes prononce des paroles rassurantes avec une voix de robot et caresse de sa main en latex une tête blonde au regard émerveillé !

Vers 16 heures, heure à laquelle je me réveille généralement après une nuit de garde, j'appelle Vincent pour lui dire à quel point je trouve son idée géniale.

— Quelle idée ? me demande-t-il en bâillant. Ah oui, le Minitel ! C'est vrai qu'on a pas mal picolé ce matin.

Une fois dégrisé, il me semble moins enthousiaste. Mais ce projet m'obsède. En deux ou trois semaines, j'établis une vingtaine de symptômes, tous fondés sur le même modèle, sans savoir le moins du monde ce qu'est un Minitel. Il se trouve que, depuis plusieurs années, le Macintosh 128K me sert déjà dans la vie de tous les jours. Je dispose d'un traitement de texte avec un tableur et une petite interface graphique. Une sorte de Suite Office *a minima*. J'imagine alors le Minitel comme une sorte d'ordinateur. Pour ceux qui s'en souviennent, c'était un écran minuscule avec un clavier, branché sur la ligne téléphonique et où se battaient en duel de pauvres lettres blanches qui donnaient l'impression que, derrière l'écran, se tenait un peintre en bâtiment occupé à tracer sur le mur de nos illusions des lignes horizontales avec une lenteur désespérante ! Pas de souris, pas d'images, pas de son, une sorte de boîte préhistorique à laquelle les minitélistes se connectaient à raison de 1,23 franc par minute, qu'ils payaient avec leur facture de téléphone.

Plusieurs semaines plus tard, lors de la réunion de SOS Médecins où nous nous retrouvons pour choisir nos dates de gardes, je montre fièrement à Vincent mon beau travail.

— Ouh là là ! me dit-il, mais on n'est pas assez de deux pour faire ça.

Joignant le geste à la parole, il attrape au hasard par le bras un médecin qui passe par là :

— Eh, Jean-Paul, ça te dirait de donner des conseils médicaux sur Minitel ?

Jean-Paul Welhoff adhère aussitôt à l'idée, d'autant plus qu'il possède un Minitel. Vous devinez aisément mon désarroi quand Jean-Paul nous a présenté l'engin et que j'ai constaté tout ce qui le séparait de l'univers d'Apple. Cette rencontre nous ayant un peu sonnés, le projet s'est enlisé, jusqu'à ce qu'un quatrième larron nous rejoigne : Bruno Chaumont, qui faisait partie de la bande des médecins de nuit. Sa venue nous redonne de l'énergie. Nous multiplions les schémas avec des flèches dans tous les sens, les ébauches de textes, les représentations graphiques de ce que nous imaginons, plus de cinquante rubriques qui s'enchevêtrent en tous sens.

Et un soir à 23 heures, porte des Ternes, dans ma voiture entre deux visites, le schéma qui résumait tout notre projet s'est imposé comme une évidence. Même si cela peut paraître dérisoire, je sais que ma vie a basculé ce soir-là et a pris un sens nouveau, comme la cristallisation soudaine de quelque chose qui ne demandait qu'à naître.

Tout va alors très vite : dépôt du nom, enveloppe Soleau[1] à l'INPI, début de formalisation juridique, etc. Nous ne sommes plus que les « hommes d'Écran Santé ». Nous avons tout sacrifié à ce projet, femme, enfants, sommeil, loisirs, nous en parlons à la troisième personne, comme s'il était déjà une sorte de personne, de médecin virtuel. Notre vie est excitante, harassante, légère, enthousiaste. Tout est possible puisque rien n'existe ailleurs que dans nos rêves.

Au mois de juin, nous sommes prêts à présenter notre projet aux éditeurs télématiques qui publiaient des services sur Minitel. Est-ce notre faible pouvoir de conviction ou notre projet est-il jugé trop ambitieux, toujours est-il que l'accueil est très tiède. L'été se passe, puis l'automne arrive, les terrasses des cafés se font moins hospitalières et nous sentons tous notre

1. Enveloppe qui s'achète auprès de l'Institut national de la propriété intellectuelle (INPI) et qui permet de garantir l'antériorité d'une création intellectuelle.

énergie s'émousser. Un soir, au cours d'une réunion de famille, j'en parle incidemment à Jean Banchetry, l'oncle de ma femme, auquel je raconte l'histoire.

— Viens me voir demain, me dit-il, ça pourrait intéresser le GAN[1].

Six mois plus tard, François Heilbronner, alors président du GAN, donnait son accord et constituait une société dotée de 2 millions de francs de capital, dont nous étions actionnaires. Le 3615 Écran Santé était né. C'était le début d'une longue et passionnante aventure, dont nous ne pouvions soupçonner qu'elle nous amènerait, au fil des années, à nous immerger dans le bain bouillonnant de l'intelligence artificielle.

1. Groupe des assurances nationales, qui était à l'époque le quatrième assureur français.

# Tour d'horizon

On ne peut pas parler d'intelligence artificielle si l'on ne conçoit pas d'abord ce qu'est l'intelligence humaine. Pourtant, bien malin qui pourrait qualifier cette dernière tant elle est riche, mystérieuse et inaccessible. Pour y comprendre quelque chose, il faudrait pouvoir s'en extraire, s'en détacher afin de l'observer en toute objectivité. Cela est impossible à l'esprit humain et c'est ce que démontre le théorème d'incomplétude de Gödel[1]. Je ne m'y risquerais donc pas.

Par contre, il est beaucoup plus facile d'essayer de comprendre les relations entre les êtres, car elles témoignent de comportements que l'on peut observer facilement sans pour autant en percevoir la nature intime. Pour donner une image plus parlante, l'intelligence des joueurs d'échecs nous est inaccessible, alors que l'intelligence du jeu d'échecs où deux joueurs s'affrontent est compréhensible pour toute personne qui en connaît les règles.

## L'ALCHIMIE DE LA RELATION MÉDECIN-PATIENT

Cela fait maintenant près de quarante ans que la relation médecin-patient est pour moi une source intarissable de surprises et d'émerveillement. Le

1. Kurt Gödel, mathématicien autrichien né en 1906, qui a établi qu'une théorie suffisante pour démontrer des théorèmes de base de l'arithmétique est nécessairement incomplète.

patient « joue les blancs[1] », c'est lui qui est malade et il l'exprime par sa plainte. Et sa plainte peut être parfois pour nous, médecins, totalement irrecevable. Mais c'est par lui que tout commence !

*Un garçon de vingt-deux ans avait appelé « pour qu'on le fasse vomir ». Je lui répondis que le médecin essaye généralement de faire le contraire. De fait, je ne comprenais rien à son discours parce que je restais dans ma position de médecin. Jusqu'au moment où j'ai accepté d'écouter sa plainte telle qu'il la formulait : envie de vomir ! Ça s'est terminé sur les toilettes à la turque du palier, mes doigts dans le fond de sa gorge. Il élimina en quelques instants ce qui lui pesait sur l'estomac depuis des années : les études que lui imposait son père. Je revois encore la reconnaissance exprimée dans ses yeux, parce que je l'avais aidé à décider de vivre son rêve : devenir artiste peintre[2] !*

Le médecin, lui, « joue les noirs » en posant des questions suite à la plainte formulée par le patient. C'est à la fois une défense et une attaque. La relation médecin-patient est avant tout la confrontation entre deux intelligences, et le terrain d'entente qui va conditionner la guérison. Quel que soit le lieu, le mode d'exercice, la culture, le rituel thérapeutique, cette relation répond à un schéma immuable : la plainte exprimée ou manifestée par le patient, les symptômes qui vont servir de socle au dialogue, le diagnostic (ou l'absence de diagnostic) que posera le médecin, le traitement qui permettra au patient de guérir et au médecin d'être gratifié pour son acte, et le suivi du traitement, sorte de service après-vente destiné à mener le patient vers la guérison. Lorsque celle-ci n'est pas au rendez-vous, le patient revient avec sa plainte, qui va suivre un nouveau cycle avec parfois, au bout, le conflit, la non-satisfaction du patient, qui repart avec sa plainte vers des cieux plus cléments.

Ce schéma immuable présente bien sûr de très nombreuses variantes selon le pays, la culture, le type de médecine, le lieu de la relation, l'implication

1. Aux échecs, la convention veut que celui qui joue le premier coup soit celui qui a sorti un pion blanc lors du tirage au sort.
2. Loïc Étienne, *Tranches de nuit*, Albin Michel, 1999.

du médecin, l'observance du patient et le poids du système social – qui est là pour vérifier que soignant et soigné jouent correctement leur partition.

Les médecines holistiques (homéopathie, acupuncture, etc.) privilégient l'écoute de la plainte du patient. C'est leur talent et peut-être le secret de leur pouvoir – que les médecins attribuent au fameux effet placebo[1]. Pour nous, médecins occidentaux, formés dans les facultés de médecine, le schéma est le même. Avec cette différence que, depuis les années 1970, la médecine a prêté totale allégeance à la science, oubliant dans cette démarche le fait que « la médecine est un art dont l'un des outils est la science[2] ».

## LA RELATION VUE PAR LE MÉDECIN

Les médecins sont cartésiens, ils ont été éduqués à ce mode de pensée au cours de leur formation scientifique. Le médecin part des faits, il les analyse et il doit en tirer une conclusion qu'on appelle « le diagnostic », lequel est – théoriquement – la cause de la plainte du patient. Le premier mouvement en tant que médecin est donc le doute, ce qui introduit de fait une distance, même si l'on est un médecin empathique et formé à l'écoute.

> *Selon un ami médecin, le patient est un ennemi potentiel et doit donc* a priori *être considéré comme tel. Je suis toujours révulsé par cette façon de penser, car elle me semble aller à l'opposé de ce que doit être la relation médecin-patient. Mais quand on voit par exemple des patients enregistrer la consultation du médecin sans l'en informer et s'en servir ensuite pour porter plainte, on se dit que, de la « plainte médicale » à la « plainte en justice », un chemin pervers s'est progressivement formé. Pour le malheur de la relation.*

Les médecins que nous sommes doivent impérativement transformer la plainte en un symptôme. Ce travail intellectuel est le fruit de nos études

1. Effet thérapeutique reposant sur des procédés ou des médicaments n'ayant aucune efficacité propre mais agissant sur le patient par des mécanismes psychologiques et physiologiques.
2. Georges Canguilhem, *Le Normal et le Pathologique*, PUF, « Quadrige », 2015, 12e édition (1re édition : 1943).

et de notre expérience, et il constitue le principal défi posé à l'intelligence artificielle. Le rassemblement de tous les symptômes nous conduit à envisager des hypothèses diagnostiques qui vont être confirmées ou infirmées grâce à l'histoire de la maladie (l'anamnèse) racontée par le patient, mais aussi à travers ses réponses à nos questions. Viennent ensuite l'examen clinique et la prescription d'examens complémentaires (analyses biologiques, imageries médicales, examen des prélèvements). S'ensuit une négociation entre le médecin et le patient où le premier devra convaincre le second de la pertinence de son diagnostic. À partir de ce diagnostic – ou de l'absence de diagnostic –, un traitement sera mis en place. Un suivi est souvent nécessaire. Mais autant le médecin est à l'aise quand le patient guérit, autant il ne l'est pas en cas de *statu quo*, voire d'aggravation. Un nouveau cycle commence. Parfois, après plusieurs consultations, le médecin délègue à un confrère d'une autre spécialité le soin de résoudre le problème. Cela peut être vécu comme un échec par le médecin, mais aussi comme un partage et un enrichissement, grâce à cette collaboration entre médecins. Et si l'on ne trouve pas de solution satisfaisante, le patient repart avec sa plainte « sous le bras ». Ce fait est alors vécu par tous comme un échec collectif.

## LA RELATION VUE PAR LE PATIENT

Pour le patient, le cheminement n'est pas le même. Dans l'exposé de sa plainte, il y a ce qu'il dit, *avec la façon dont il s'exprime*. Les mots employés ont un sens caché. La façon de les exposer et toute la communication non verbale qui accompagne les mots du patient sont une composante majeure de l'écoute du médecin. Car dans cet exposé de la plainte, il y a surtout ce que le patient ne dit pas et qui est souvent plus important que ce qu'il dit. Le non-dit du patient est parfois volontaire, par manque de confiance ou par souci de ne pas dévoiler certains pans de sa vie et de son intimité, mais il peut aussi être inconscient. Le mensonge par omission ou l'occultation de certains faits ou comportements, qui peuvent confiner au déni, sont essentiels dans la relation. Le médecin est alors obligé de deviner ce qui se cache derrière ce qui est dit et ce qui n'est pas dit.

Cet exercice de subjectivité colore fondamentalement la relation entre le médecin et le patient. Sur ce terrain de la plainte, le patient semble le maître du jeu, car il « joue les blancs ». Mais sans en avoir conscience, il « joue les noirs », car le médecin a sur lui un temps d'avance. Même s'il ment ou cache des éléments, il ne sait pas que le médecin l'observe, le scrute et en tire des conclusions grâce à son expérience et à « l'examen objectif de sa propre subjectivité ».

*Je me souviens ainsi d'une patiente qui, visiblement, ne me disait pas tout. Sans malice ni volonté de dissimulation, mais pour des raisons qui m'échappaient. Elle vivait seule, apparemment, et souffrait de douleurs et de saignements du vagin. Dans son discours, j'avais un sentiment très subjectif de discordance ou de non-dit, mais rien pour l'examiner objectivement. Jusqu'au moment où j'ai découvert, plaqué avec un aimant sur la porte du réfrigérateur, un petit post-it avec une date, une heure et ce nom : Clomid®*[1]. *Cette femme était en stimulation ovarienne pour une FIV, ce qui lui occasionnait des douleurs, mais elle voulait le garder secret. En comprenant la plainte, j'avais obtenu l'explication de ses douleurs à l'aide... du réfrigérateur !*

Une fois les symptômes correctement négociés, un autre bras de fer commence car, lors de la collecte des symptômes, le patient répond ce qu'il veut. Il peut se produire alors un véritable jeu de cache-cache, où le patient manipule le médecin pour taire certains aspects de son existence ou de ses symptômes.

Le patient peut également refuser certains examens cliniques ou contester l'utilité de certains examens complémentaires qu'il craint ou qu'il rejette. La négociation est d'autant plus serrée que la confiance du patient en son médecin est faible. Le patient peut tout à fait accepter en apparence et refuser en son for intérieur, ce qui aura une influence immédiate sur l'observance du traitement et sur l'effet placebo. C'est en effet la confiance et la foi dans le pouvoir – réel ou fantasmé – du médecin qui crée l'effet placebo.

La qualité de l'observance et du suivi est donc essentielle, témoignant de la confiance du patient en son médecin. La confiance ne se décrète pas : comme l'amour, il faut être deux pour la construire. Ce qu'on appelle le « colloque singulier » est cette relation intime de confiance qui s'établit entre le patient et son médecin. C'est ce qui fait l'une des richesses de notre métier.

1. Le Clomid® est un médicament administré pour stimuler les ovaires et induire une ovulation dans le processus de fécondation *in vitro* (FIV).

# De la bouche du patient à l'oreille du médecin

Parfaitement décrite par Mario Bensasson[1], cette première phase de la relation humaine médecin-patient est essentielle pour chacun dans la suite de l'échange, mais aussi pour l'efficacité de la prise en charge du patient, donc pour son accession à la guérison. Le problème, c'est que la plainte n'est pas le symptôme ! Pour le patient, elle est l'expression de sa souffrance, qui est la raison pour laquelle il consulte ; pour le médecin, c'est un indice, un point de départ qui va lui permettre, grâce aux questions qu'il pose, d'aboutir au fameux diagnostic.

## LA PLAINTE SELON LE PATIENT

La plainte est avant tout une expression légitime, car elle est le lot commun de tous les hommes. Elle n'est pas seulement l'expression d'une souffrance, le témoin tonitruant d'un désordre intérieur ; elle peut aussi devenir pour le patient un moyen d'exister, de se faire entendre au sein de la société et d'obtenir alors ce qu'on appelle les « bénéfices secondaires de la maladie ». On peut être attaché à sa plainte comme un enfant au cordon ombilical.

La plainte est un véritable langage qui exprime un ressenti, lequel est la source de tout savoir en médecine. Aucune science médicale n'a pu se

1. Mario Bensasson, *De la bouche du malade à l'oreille du médecin*, Éditions Chiron, 2002.

construire sans la prise en compte de la plainte du patient. Il est donc vraiment dommage que les médecins aient abandonné « l'écoute scientifique » de la plainte, celle qui a présidé à la formidable évolution de la médecine et qui a été rassemblée par les cliniciens du XIXe siècle, en particulier par Claude Bernard dans la notion de physiopathologie (toute maladie a une cause). Tous ces médecins ont décrit avec force détails tout ce qui, à travers le ressenti, l'attitude et le langage des patients, permettait de suspecter la maladie. Le langage du patient est la source du savoir médical, le langage médical n'en est que la résurgence.

## LA PLAINTE SELON LE MÉDECIN

Pour le médecin, toute plainte est *a priori* suspecte. Il la passe au crible de sa raison par une série de questions qu'il se pose.

**Quelle est la validité de la plainte du patient ?** Par exemple, ce que le patient appelle « fourmillements dans les mains » correspond-il à un symptôme rentrant dans le cadre d'une définition médicale ? Le médecin traduira en l'occurrence cette sensation par le mot de « paresthésies », ce qui ouvrira dans son esprit un éventail de diagnostics possibles.

**Le symptôme ainsi défini à partir de la plainte a-t-il une réalité ou n'est-il qu'un fantasme du patient ?** Par exemple, le patient qui « sent qu'il va mourir » exprime-t-il une réalité ou une impression ? Si, pour cet exemple, un simple coup d'œil suffit au médecin, le problème n'est pas toujours aussi simple, notamment lors de la régulation médicale par téléphone.

**Le symptôme tel qu'il est exprimé entre-t-il tel quel dans le cadre d'une maladie ?** Pour reprendre le premier exemple, la formulation « sensation de vent dans les mains » qu'emploie le patient pour décrire une paresthésie permet-elle de reconnaître cette dernière ? La question est importante car, une fois le symptôme étiqueté, une série de déductions logiques vont se produire dans l'esprit du médecin ; il importe donc que le point de départ soit le bon.

# LE LANGAGE MÉDICAL

Le langage médical regorge d'expressions qui mettent en évidence la distance mise par le médecin entre la plainte et la réalité symptomatique. À la fois pour communiquer avec ses confrères et pour se rattacher à un langage qui entre en résonance avec ses connaissances, le médecin a besoin de transformer la plainte du patient en un langage formel qui lui permette d'associer des idées et des concepts. Par exemple, « J'ai très mal au bide depuis deux jours, j'ai vomi tout mon repas d'hier et je tremble comme une feuille à cause de la fièvre » sera traduit par le médecin en « douleur abdominale, vomissements alimentaires, avec hyperthermie et frissons ». Ce qui évoque pour lui un ensemble d'hypothèses diagnostiques qu'il va écarter les unes après les autres en posant des questions.

Décortiquons ici une plainte très courante : les vertiges. Le médecin essaye de caractériser les vertiges en demandant si « tout tourne » ou si c'est une simple impression d'instabilité « comme sur un bateau ». La réponse lui permettra de savoir si ce vertige est un vrai vertige, mettant en cause les organes de l'équilibre, ou un faux vertige, qui ne les met pas en cause. Cette apparente dépréciation du symptôme par la dénomination « faux vertige » provoque une réaction de défense chez le patient : « Mais je vous assure que ce n'est pas du bidon, j'ai vraiment des vertiges. » Beaucoup de patients, face au verdict de faux vertiges, peuvent se sentir en quelque sorte floués par ce qu'ils pensent être la non-prise en compte de leur mal, puisque le médecin qualifie ce vertige de « faux », ce qui signifie qu'il n'existe pas. On peut alors se demander pourquoi les médecins ont choisi de différencier les deux types de vertiges par de tels adjectifs, alors qu'on aurait pu parler de « tournis » ou de « vertige » pour définir les vrais vertiges, d'« instabilité » ou de « déséquilibre » pour les faux vertiges. Si l'on va plus loin, on se rend compte que les vrais vertiges ont une origine organique (maladie de Ménière, vertige positionnel paroxystique bénin, syndrome de Wallenberg, gliomatose du tronc cérébral, etc.), alors que les faux vertiges ont pour origine des troubles plus indéterminés (neurotonie, spasmophilie, crises d'angoisse, etc.). Le médecin achève parfois de déconsidérer la plainte en qualifiant le vertige de « sensation ébrieuse », évoquant ainsi sa parenté avec l'intoxication alcoolique de si mauvaise réputation ! Le patient se voit ainsi dépossédé de la réalité de sa souffrance, le symptôme retenu étant relégué dans une pathologie évasive et un peu fourre-tout. Parfois, le faux vertige reprend de sa valeur et est réhabilité lorsque le médecin peut le rattacher à une pathologie, par exemple à une poussée d'hypertension. Combien de faux vertiges croupissent dans les cachots où les médecins les enferment ? Ces symptômes mineurs sont pourtant vécus par le patient avec la même intensité qu'un symptôme « noble ».

## LA PLAINTE SELON LA MACHINE

C'est sur cette phase essentielle que la machine est le moins bien armée. Pour la simple raison qu'il s'agit d'une machine et que le patient le sait. Le jour où une machine pourra donner l'illusion d'un dialogue réel (donc réussir le test de Turing[1]), toute l'alchimie de la confiance indispensable à la relation médecin-patient reposera d'ailleurs sur un mensonge, sur une contrefaçon. Et la chute n'en sera que plus rude dès l'instant où le patient comprendra qu'il s'est fait berner. Cette ambiguïté infranchissable a été abordée dans de nombreux livres et films de science-fiction où des êtres humains tombent amoureux d'humanoïdes. Dans le domaine précis de la plainte du patient, la machine restera la machine, quel que soit son degré de sophistication.

La machine a pourtant des dispositions évidentes qui, dans certains cas, dépassent en efficacité les sens humains : elle peut « comprendre » l'écrit ; elle peut également reconnaître des sons et les traduire en mots – c'est ce que font les programmes comme Dragon ou Siri, qui font du *speech to text* (transforment la parole en un texte lisible).

Pour le reste, l'ordinateur est par essence stupide, car il ne comprend rien du tout. Au mieux, il reconnaît les mots grâce à un glossaire, mais le sens lui échappe totalement.

Si l'on donne à la machine un texte exprimant la plainte d'un patient, elle n'est en mesure de le comprendre que si elle possède dans son dictionnaire les mots correspondants. C'est ce que sont censés faire les chatbots avec plus ou moins de bonheur.

1. Test inventé par le mathématicien Alan Turing en 1950 et qui permet de vérifier la capacité d'une machine à faire preuve de signes d'intelligence humaine : si un être humain n'est pas en mesure, au bout de 5 minutes de dialogue avec la machine, de déceler que c'est une machine qui lui parle, alors le test est réussi.

Ainsi, un énoncé simple tel que « Mal au ventre, fièvre et étourdissements depuis trois jours » sera compris à peu près correctement par un chatbot, parce que les symptômes exprimés sont simples et entrent dans un champ lexical attendu. Le chatbot répondra donc : « J'ai compris que vous avez des douleurs abdominales, de la température et des vertiges. Est-ce que j'ai bien compris ? » Il est douteux en revanche qu'il relève la notion de temporalité (« trois jours »).

Par contre, le même cas énoncé de la façon suivante : « J'ai très mal au bide, ma température est montée à 38,7 °C hier et avant-hier, et j'ai la tête qui tourne », a beaucoup moins de chances d'être compris. Peut-être le chatbot répondra-t-il : « J'ai compris que vous avez de la température et des vertiges. » La raison en est à la fois le vocabulaire employé, plus parlé qu'écrit, et la notion temporelle (« depuis avant-hier »).

Et si l'on dit : « Je crois que mon fils m'a refilé sa gastro en rentrant de l'école avant Noël, j'ai eu très chaud comme lui, d'ailleurs c'est ce qu'avait dit le pédiatre pour lui, et je suis obligé de me coucher tellement ça tangue », au mieux le chatbot reconnaîtra le mot « gastro » et en tirera la conclusion erronée : « J'ai compris que vous avez une gastro-entérite. » À cet énoncé, et sans poser la moindre question, le médecin soupçonnera immédiatement un vertige positionnel dû à un problème d'oreille interne.

Des systèmes de reconnaissance sémantique et syntaxique sont en mesure de comprendre une phrase, dès lors que le champ lexical a été acquis par la machine. C'est le cas de l'intelligence artificielle Watson, développée par IBM, et dont la spécialisation en cancérologie lui permet de comprendre la plupart des informations médicales de cette spécialité. Watson a répertorié tous les articles de cette spécialité et les a indexés. Mais il y a ajouté une reconnaissance syntaxique, c'est-à-dire la capacité de comprendre une phrase. Par exemple, si l'on demande à Watson « Quel traitement proposer pour une femme de quarante-deux ans qui a un carcinome du sein résistant à l'herceptine ? », la machine va proposer deux ou trois articles et souligner le ou les paragraphes qui répondent à cette question. Si l'on pose cette même question à Google, le moteur de recherche ne saura qu'afficher tous les sites où il a repéré ces mots (dans l'ordre ou dans le désordre), mais sans répondre à la question.

En fait, la compréhension de Watson n'est qu'apparente, car si on lui pose une question utilisant la même syntaxe, mais dans le champ de la dermatologie ou de la cardiologie, la machine ne saura pas répondre tant qu'elle n'aura pas indexé de contenu sur la cardiologie ou la dermatologie. Cette compréhension syntaxique est donc très relative.

La machine a toutefois énormément progressé dans le domaine de la reconnaissance vocale. Ainsi, elle est capable, à peu près sans erreur, de transformer une parole en texte (ce que nous utilisons tous les jours avec Siri). Cela dit, la traduction d'une parole en texte ne signifie pas pour autant que ce texte a été compris.

Autre progrès : le web 3.0. C'est un formidable outil pour retrouver la multiplicité des plaintes des patients et les structurer en langage ordonné et compréhensible. Dans le domaine de l'intelligence artificielle, cet ensemble structuré de termes en lien avec un champ d'information donné s'appelle « ontologie », par analogie avec le concept philosophique. Le langage du patient est aussi important sinon plus que l'ontologie médicale, car il recèle des trésors de savoir dans l'expression même de sa souffrance.

La machine a aussi la capacité de repérer certaines émotions dans une parole, surtout si la vidéo lui est associée. Ainsi, des algorithmes sont en mesure de repérer le stress, l'angoisse, la joie... et même une certaine forme de sincérité, avec un pourcentage de réussite très honorable. La conjonction de la reconnaissance d'une parole et de l'émotion qu'elle véhicule permettra sans doute très prochainement d'évaluer avec une faible marge d'erreur des éléments de langage, dont l'une des utilisations serait la redirection d'un appel entrant vers des centres de régulation comme le 15 ou le 112.

Globalement, on peut dire que la machine sait et saura de mieux en mieux reconnaître la parole et le texte. Cette fonction de « reconnaissance artificielle » est le premier pas vers un début d'intelligence artificielle.

## CE QUE L'IA DEVRA SAVOIR FAIRE POUR ÉGALER L'INTELLIGENCE HUMAINE

Patients et médecins se comprennent car ils sont tous deux des êtres humains. La machine possède là un handicap quasi insurmontable du fait de sa nature mécanique. Toutefois, à force de progrès et d'approximations, la machine pourra sans doute un jour « singer » la compréhension de la plainte.

## La reconnaissance du langage

Qu'il s'agisse des moteurs de recherche comme Google, de reconnaissance syntaxique comme Watson ou des chatbots, très en vogue depuis 2016, la machine reste encore rudimentaire. Quand on dit qu'une machine « comprend le langage naturel », c'est un abus de langage. *A fortiori*, on est encore très loin de la compréhension. On peut toutefois penser que, d'ici à cinq ans environ, l'expérience accumulée par les machines leur permettra de reconnaître de nombreux éléments de langage. Reconnaître, oui ! Comprendre, non !

## La négociation de la plainte

Admettons que la plainte soit reconnue par la machine, encore faut-il qu'elle soit comprise. Si la machine ne comprend pas la plainte, elle ne pourra pas la négocier pour aboutir à un symptôme solide qui serve de point de départ à une enquête diagnostique. Tout au plus un glossaire bien organisé et documenté pourra-t-il connecter cette plainte à un ou plusieurs symptômes. Quelle machine est capable de telles finesses de compréhension ? La réponse est dans la question.

## Le dit et le non-dit

Autant ce qui est dit peut être compris ou du moins reconnu par la machine, autant le non-dit échappe à son entendement, pour la simple raison que ce dernier n'est possible que grâce à l'intuition, la sensibilité et l'imagination. La machine ne peut envisager que ce qu'elle sait. Il faudrait donc pouvoir l'informer de ce qui peut se cacher derrière ce que déclare le patient. Établir une base de faits est simple, mais c'est un travail de bénédictin.

> *Une jeune fille de quinze ans avait mal au bas-ventre. Son père m'explique toute la séquence des symptômes. Je pose quelques questions à la jeune fille, mais je sens qu'elle ne me dit pas la vérité. Pour éloigner le père, je prétends que je n'ai plus d'alcool pour faire une injection. Dès que le père a quitté la pièce, je demande à voix basse à la jeune fille si elle a eu des rapports sexuels. Elle fait oui de la tête. Elle était en train de faire une grossesse extra-utérine, ce*

*que l'échographie révéla dans les heures qui suivirent. La machine aurait posé la question, mais elle n'aurait pas pu inventer un stratagème pour éloigner le père et obtenir la vraie réponse.*

On pourrait toutefois imaginer que la machine, grâce au *machine learning* et donc à des millions de situations différentes apprises, puisse adopter un comportement de ce type dans une situation identique. Mais en admettant que cela soit possible, donc que la machine « reconnaisse » la situation et applique la procédure en posant la question ou en amenant la jeune fille à se confier, comprendrait-elle seulement le sens de cette question ?

## Le sens de la plainte

Les mots utilisés par le patient ont une valeur considérable pour le médecin si celui-ci sait les entendre. Car, pour un même symptôme, le patient utilisera des mots différents. Celui qui a déjà ressenti une douleur dans la poitrine et qui a été examiné pour cette raison, voire qui a eu un pontage ou un stent, utilisera plus volontiers les termes « douleur thoracique », qui sont ceux utilisés par les médecins. À l'extrême, il emploiera le terme de « précordialgies », signifiant par là qu'il en connaît un bout sur le sujet. À l'inverse, si la douleur est ressentie pour la première fois, l'expression la plus courante sera « mal à la poitrine ». Il en est de même pour une difficulté à respirer, que la médecine appelle « dyspnée », ou un mal au dos, nommée « dorsalgie ». Ces niveaux de langage sont importants dans la relation médecin-patient, car ils sont des sortes de viatiques permettant le rapprochement de deux mondes naturellement très éloignés.

Pour le médecin, les symptômes n'ont pas la même valeur. Il y a ceux qui sont porteurs de pathologies graves ou urgentes, comme la gêne respiratoire, l'hémorragie, la douleur thoracique, etc., et d'autres beaucoup moins « nobles » comme le hoquet, les éructations, la fatigue. Les patients le savent bien qui, lorsqu'ils veulent alerter le médecin ou attirer son attention, rajoutent à leur liste des symptômes qu'ils savent plus inquiétants pour le médecin ou majorent leur importance en les exagérant.

Il est clair que, même s'il est facile de donner à une machine une valeur prédictive de gravité pour un symptôme, celle-ci est incapable de savoir si la plainte exprimée a un sens ou non sur le plan médical.

## L'écoute de la plainte

Le moment précis où le médecin écoute la plainte du patient est très important et lui impose un jeu subtil de va-et-vient entre sa raison et sa sensibilité. Autant pour le médecin que pour le patient, la reconnaissance de la plainte est une nécessité. Une fois formulée, la plainte échappe au patient, car il s'expose à ne pas être cru ou, à tout le moins, sa plainte peut ne pas acquérir le statut de symptôme dans l'esprit du médecin.

La machine pourvue d'un glossaire très étendu pourra donner l'illusion d'une compréhension, donc faire croire au patient qu'elle est capable d'écouter la plainte. Mais elle ne tiendra pas longtemps dans un tel type de dialogue, car il suffit que le patient sorte des clous et réponde de façon non prévue, voire réponde par une autre question, pour mettre la machine en échec.

## L'empathie

Souvent, le patient attend de son médecin une certaine empathie, qui témoigne de la prise en compte de sa souffrance. Une plainte qui n'est pas entendue est une plainte qui n'existe pas. Or l'empathie est l'un des ingrédients majeurs de l'effet placebo. Pour être empathique, le médecin doit disposer d'une intelligence émotionnelle, laquelle passe par l'action de médiateurs chimiques dans des zones précises de son propre cerveau. Il est clair que, dans ce domaine, la machine est totalement inapte puisqu'elle ne ressent rien.

Il faut toutefois relativiser cette affirmation, car il est possible – et cela se fait déjà – de programmer une machine de façon à ce qu'elle perçoive des éléments émotionnels en provenance du patient. Mais ces éléments sont de simples tables, avec des chiffres en regard des émotions, et n'ont aucune commune mesure avec les effets psychiques de l'émotion humaine.

A-t-on besoin de ressentir une émotion pour percevoir la plainte du patient ? La question pose un problème, car le médecin – comme le psychanalyste – se doit de garder une objectivité et une neutralité bienveillantes. De ce point de vue, la machine est parfaitement en phase puisqu'elle ne ressent rien. Mais si le patient a besoin que sa plainte soit écoutée, entendue par le médecin, il a également besoin qu'elle soit comprise. Face à un monstre froid, le mécanisme de transfert inhérent à toute thérapeutique ne pourra pas s'enclencher. La machine n'est pas armée pour cela. Non pas parce qu'elle ne peut pas être programmée pour percevoir une émotion de la part des êtres humains, mais parce que cette émotion n'est pas incarnée, donc elle est sans humanité. On touche à l'un des plafonds de verre de l'intelligence artificielle dont on voit mal comment il pourrait sauter un jour. Sauf si des machines n'utilisaient plus – ou pas seulement – les chiffres, les mathématiques et les composants mécaniques, mais recouraient à des cellules et à des médiateurs chimiques organisés en « cerveaux biologiques ». On entrerait alors dans un monde différent de l'intelligence artificielle, qui serait celui des aliens. La marche est encore haute et l'horizon lointain.

On touche ici la limite infranchissable entre la machine, qui gère des chiffres au moyen des mathématiques, et l'esprit humain, qui stimule certaines zones du cerveau au moyen de ses médiateurs chimiques. Entre les chiffres et les molécules, il y a un abîme aussi grand qu'entre les décibels et la musique.

## Le dialogue

Le dialogue est essentiel dans la relation médecin-patient : c'est grâce à cet échange que le patient peut exprimer sa plainte et que le médecin peut la lui faire préciser afin de la comprendre. Cet échange n'est pas à sens unique : le patient recherche dans ce dialogue les éléments verbaux et non verbaux qui lui prouvent que son discours a été entendu et compris. On pourrait tout à fait imaginer des machines capables d'entretenir un dialogue intelligent, à l'image de Sophia, le premier humanoïde à bénéficier de la citoyenneté en Arabie saoudite et – ce qui est un comble – de droits plus élevés que ceux des femmes saoudiennes ! On ne sait pas encore si cette « intelligence » est un *fake* ou une véritable avancée dans le domaine de l'intelligence artificielle. Quoi qu'il en soit, comme je l'ai dit, la machine restera la machine, et tout dialogue avec elle une authentique contrefaçon, puisqu'elle ne comprend pas ce qu'elle dit.

# Le symptôme ou la normalisation de la plainte

Aussi étrange que cela puisse paraître, la plainte appartient au patient et le symptôme au médecin. Le diagnostic repose sur le recueil des symptômes, qui sont la traduction, l'interprétation et l'acceptation par le médecin de la plainte initiale du patient, lequel peut ne pas se reconnaître dans la lecture qui en est faite.

## LE SYMPTÔME SELON LE MÉDECIN

Le symptôme, au sens médical du terme, est une plainte recevable et normalisée, c'est-à-dire passée par les arcanes du jugement du médecin, qui va lui attribuer un terme médical au sens bien précis. Débusquer le symptôme caché ou invalider un symptôme apparent est une phase importante et c'est d'ailleurs souvent le moyen, pour le médecin, d'asseoir son autorité en montrant au patient qu'il est consciencieux et perspicace. Certains médecins poussent le raisonnement jusqu'à faire un interrogatoire « policier ». Cela fait immanquablement du symptôme et des patients qui le portent de véritables « suspects », ce qui n'est pas le meilleur moyen d'instaurer une relation de confiance.

Quand c'est le médecin qui découvre un symptôme (j'entends par là quelque chose dont le malade ne s'est pas plaint *a priori*, mais qui est apparu au cours de la consultation), il emploie souvent le mot de « signe ». Le signe n'est pas la plainte et, qu'il soit corroboré ou non par une plainte, le médecin lui accorde *a priori* beaucoup plus de valeur, pour la simple raison que c'est lui qui l'a débusqué. C'est humain et compréhensible. Il est en quelque sorte le découvreur du signe.

Prenons un exemple tout simple : un patient vient consulter son médecin pour un problème de santé quelconque. Le médecin, dans le cadre de l'examen, va prendre la tension de son patient. Si celle-ci est trop élevée, le médecin aura mis en évidence de façon fortuite une poussée d'hypertension qu'il va immédiatement explorer grâce à des examens. Il peut d'ailleurs arriver que le médecin finisse par privilégier dans sa recherche l'exploration du signe qu'il a mis en évidence au détriment de la plainte initiale qui a motivé la consultation. La plainte selon le patient n'est pas forcément un symptôme, alors qu'un signe découvert par le médecin l'est par essence.

Isoler le symptôme avec douceur mais fermeté fait partie de l'art du médecin. C'est le plus souvent lors de cette étape que va se nouer la relation de confiance entre le patient et le médecin.

Le symptôme revêt en outre une dimension particulière qui est celle de son sens. Les médecins versés dans les maladies psychosomatiques se demandent toujours pourquoi les patients « choisissent » tel symptôme, voire telle maladie, pour exprimer un mal-être.

> *J'ai assisté il y a quelques années à une séance de médecine psychosomatique organisée par le docteur Pierre Marty [1]. Le film projeté montrait une femme qui exposait les symptômes dont elle souffrait et l'interrogatoire mené par le médecin. La maïeutique employée par le Dr Marty était éblouissante, car on comprenait, à travers l'histoire de cette femme, pourquoi elle faisait des cystites à répétition et quel avait été le point de départ précis de sa maladie. Son « choix » nous est apparu de façon limpide. Le traitement fondé sur les thérapies cognitives comportementales (TCC), en travaillant sur la compréhension par la patiente de son « choix », a abouti en quelques séances à une guérison totale, alors que cette femme souffrait depuis plusieurs années.*

1. Fondateur de l'Institut de psychosomatique de Paris, le psychiatre et psychanalyste Pierre Marty a considérablement fait évoluer les mentalités sur la question de la psychosomatique dans la genèse des maladies.

## LE SYMPTÔME SELON LE PATIENT

Pour le patient, les choses sont assez compliquées, car il se trouve confronté à plusieurs types de concepts pour exposer sa plainte : la plainte en elle-même (« J'ai mal au ventre »), la plainte médicalisée (« J'ai des gastralgies ») et le diagnostic supposé (« J'ai une gastrite »).

Cette confusion n'est pas préjudiciable quand le patient parle à son médecin, car ce dernier saura faire la part des choses et lui faire préciser avec des mots non médicaux comment il ressent son mal de ventre. Mais cet amalgame entre symptôme et maladie peut conduire à des comportements à risque lorsque le patient est seul face à son armoire à pharmacie.

Le symptôme – bien plus que la plainte – est un étendard, une sorte de proclamation armée face au médecin. Le patient peut ainsi se rebeller contre le pouvoir du médecin qu'il juge excessif ou pour lui suggérer un diagnostic, voire pour l'influencer sur les examens à prescrire ou les traitements à mettre en œuvre.

Une telle guérilla, quand elle s'instaure, peut se révéler funeste pour la relation patient-médecin, le symptôme devenant, au centre de cet échiquier, l'objet de la « bataille pour le pion central ». Sans un armistice et une négociation sur ce qui est acceptable par l'un et par l'autre, la suite du dialogue devient délicate.

## LE SYMPTÔME SELON LA MACHINE

On revient ici dans le domaine de compétence de la machine, qui est celui des systèmes experts et des statistiques. Car si elle dispose des symptômes, elle est en mesure de remonter vers un ou plusieurs diagnostics. C'est l'un des domaines où elle peut surpasser le médecin, car sa mémoire est quasi infinie, elle ne se fatigue jamais, elle n'a ni états d'âme ni *a priori*, ce qui lui confère une certaine objectivité.

Au départ, la machine doit posséder une solide base de connaissances. En effet, elle doit être en mesure de comprendre que « mal au bide » veut dire « mal au ventre », que « ne pas se sentir bien » est une façon de parler d'un malaise. C'est une simple question de glossaire et, en théorie, la machine pourra à ce jeu surpasser l'humain en raison de sa capacité de mémorisation. Il lui faudra toutefois éviter les pièges de certains mots: « cystite » veut dire que la personne a des brûlures en urinant, ou qu'elle va aux toilettes toutes les cinq minutes, ou encore qu'il y a du sang dans ses urines. Tous ces faux amis doivent avoir été traduits en langage pour la machine.

Il lui faudra ensuite pouvoir hiérarchiser cette avalanche de mots et expressions afin de les limiter pour que la quantité d'informations soit gérable. On estime à environ 25 000 le nombre de mots médicaux renvoyant à un symptôme univoque parmi les 205 symptômes dont l'être humain peut souffrir. Et pour chacun de ces symptômes, on dispose en moyenne d'au moins 50 mots et expressions issues du langage courant. Par exemple, pour une hématurie, qui correspond au concept « sang dans les urines », il existe à peu près 50 synonymes ou expressions proches (« pisse du sang », « caillots dans les urines », « urines sanglantes », etc.). Ce sont donc près de 10 000 mots et expressions que la machine doit connaître, ce qui n'est pas un problème pour elle, mais qui en devient un pour le pauvre informaticien qui doit la programmer. Faire ce travail s'appelle constituer une « ontologie », ce qui revient à fabriquer une véritable langue étrangère.

La question de l'ontologie n'est pas anodine. Le langage comporte non seulement des pièges, mais aussi le sens caché ou le poids que le patient veut mettre dans le « choix » d'un symptôme, tel un message subliminal: l'emploi du mot « précordialgies » au lieu de « douleur dans la poitrine » est là pour signifier au médecin que le patient sait très précisément de quoi il parle.

> *Le travail réalisé avec le système expert MedVir[1] a consisté à recueillir, depuis 1987, tous les mots et expressions recherchés sur le 3515 Écran Santé, puis sur docteurclic.com et dans les 450 000 questions auxquelles notre équipe de médecins a répondu. Ce travail de fourmi nous a permis de constituer un réservoir d'un million de mots et expressions, qu'il a fallu ensuite classer, dédoublonner, hiérarchiser et connecter à un symptôme médical. Il existe maintenant des outils capables d'aller rechercher dans des masses considérables*

1. MedVir, pour « Médecine Virtuelle », est une intelligence mise au point par le docteur Loïc Étienne et son équipe depuis trente ans, et destinée à poser des questions au patient comme le ferait un médecin. Ce dispositif médical est en mesure, par le seul interrogatoire, de suspecter dans 87 % des cas le diagnostic final porté par l'examen clinique et les examens complémentaires.

*de données les mots et expressions*[1]*. Ce qui n'empêche pas le travail de fourmi pour connecter les mots et les symptômes.*

Il suffit de s'amuser à taper sur Google des mots et expressions de la vie de tous les jours (« courbatu », « épuisé », « mal foutu », « cassé le bras », « tomber par terre », etc.) pour constater que tous renvoient vers des dictionnaires et non vers des sites de santé, et encore moins vers des systèmes experts.

La machine devrait pourtant finir par prendre le dessus. Sera-t-elle en mesure pour autant de négocier les symptômes avec le patient et, surtout, d'en comprendre le poids fantasmatique et le sens caché ? On peut en douter !

## Médecine narrative

**Le projet que nous menons avec les urgences de l'hôpital Lariboisière consiste à enregistrer les patients (avec leur accord), à convertir leur propos en texte avec un logiciel de *speech to text*, à reconnaître les mots et expressions et à cocher les symptômes correspondants dans MedVir. Le projet est de permettre, lors de la prise d'appel au Samu ou de la réception d'un patient aux urgences, de prévoir les diagnostics possibles et la gravité de son état par ses seules déclarations, avant même de lui avoir posé la moindre question. Un tel système éviterait des décès comme celui de Naomi en 2017, dont la plainte n'a pas été prise au sérieux et n'a donné lieu à aucune question d'interrogatoire.**

1. La technologie Semdee, par exemple, peut en quelques secondes extraire, d'une masse de plusieurs centaines de milliers de messages sur Twitter, le contenu global des conversations et échanges.

# Le diagnostic, étape magique de la raison

Le diagnostic est le fruit d'un raisonnement parfaitement cartésien reposant sur une analyse rigoureuse. Mais c'est également un mot magique, car il confère au médecin un pouvoir auquel le patient est suspendu et dont il ne comprend pas bien les arcanes. Établir un diagnostic est une étape obligatoire et quasi rituelle dans la relation entre le patient et son médecin. Autant il s'agit, pour ce dernier, d'un jeu intellectuel dont le but est de découvrir la cause de la plainte, autant le patient y voit une quête inquiétante et parfois douloureuse.

## LE RITUEL DU DIAGNOSTIC

Le rituel du diagnostic se déroule en trois étapes incontournables, auxquelles le médecin comme le patient sacrifient : d'abord l'anamnèse, c'est-à-dire l'interrogatoire du patient ; puis l'examen clinique (auscultation, palpation, etc.), qui recueille des « signes physiques » ; enfin, la prescription d'examens complémentaires et leur interprétation après les avoir confrontés aux données de l'anamnèse et de l'examen physique.

Au terme de ces trois étapes, le diagnostic ou les hypothèses diagnostiques sont portés.

## L'anamnèse

Lors de cette prise de contact, surtout lorsqu'il s'agit d'une première consultation, le médecin et le patient se jaugent, s'évaluent, s'apprécient avec des questionnements différents. Pour le patient, exprimer sa plainte lui permet de s'en décharger et de trouver déjà un apaisement dans la simple écoute du médecin. Cela lui permet aussi d'accorder ou non sa confiance au médecin. Ce dernier a pour sa part d'autres objectifs, en particulier recueillir l'histoire de la maladie, savoir quand elle a débuté, dans quel contexte, sur quel terrain, après quels antécédents personnels et familiaux, et quelles sont les caractéristiques des symptômes. Pour cela, il va poser des questions, laissant le patient s'exprimer plus ou moins longtemps. Certains médecins sont directifs, traquant le diagnostic comme des chiens policiers, laissant peu de place à l'expression – un peu comme avec ces vins auxquels on ne laisse pas le temps de libérer leurs saveurs. D'autres sont plus à l'écoute et recueillent patiemment tous les éléments fournis par le patient, au risque de se laisser embarquer dans des digressions. Mais tous ont pour objectif d'associer des symptômes caractéristiques afin de poser des hypothèses diagnostiques. Durant cet interrogatoire, le patient répond de façon plus ou moins claire, plus ou moins honnête, et selon la compréhension qu'il a de la question. Et au fond de lui, à chaque question il se demande plus ou moins consciemment pourquoi le médecin la pose et ce qu'il recherche vraiment. C'est le moment où le médecin joue sa crédibilité face au patient, lequel mesure l'intérêt que son interlocuteur porte à son problème, la pertinence de ses questions, donc sa capacité à le guérir.

Si le patient égare le médecin, volontairement ou involontairement, ne dit pas tout, ou si le médecin part sur les mauvais symptômes, le risque d'erreur du diagnostic est important. C'est tout l'art du médecin de naviguer entre tous ces écueils et, grâce à un mélange d'intuition, d'humanité et de bon sens, de retrouver les bons éléments qui lui permettront de poser le diagnostic.

À la fin de l'anamnèse, le médecin, écartant l'une après l'autre les hypothèses diagnostiques, sélectionne les plus probables, orientant ainsi l'examen clinique qu'il va effectuer et les examens qu'il va réclamer. Peu de médecins ont réellement conscience que c'est à cet instant que se joue l'effet placebo – donc une partie de l'efficacité de leur traitement.

## L'examen physique du patient

Si l'isolation d'un symptôme demande de l'expérience, pratiquer un examen clinique (on parle aussi d'examen « physique ») en exige plus encore, car le médecin doit être le plus objectif possible et maître de ses capacités sensorielles. Un signe physique n'est pas quantifiable de façon aussi précise qu'un résultat d'analyse. Un signe physique varie d'un individu à un autre, d'un médecin à un autre, donc en fonction aussi de la relation médecin-patient. Certains médecins sont plus doués, plus réceptifs et meilleurs cliniciens que d'autres. La médecine reste un art dont l'un des outils est la science.

La coopération du patient est fondamentale : un ventre qui se durcit par réflexe ou par crainte, une participation distraite aux explorations, une réticence marquée à l'examen gynécologique sont autant d'obstacles que le médecin doit savoir surmonter et qui dépendront de son humanité et de la capacité d'écoute qu'il a développée lors de l'anamnèse. Comment, en effet, interpréter les hurlements de l'enfant qui a peur du médecin ou la réaction de l'abdomen d'un patient hyperréactif au toucher ?

L'examen physique est une étape essentielle car, même s'il apporte une quantité somme toute assez limitée d'informations eu égard à l'exigence de preuves plus tangibles, comme celles apportées par les examens complémentaires, il permet au patient de se sentir pris en compte. Et cette prise en compte de son corps est le premier pas symbolique vers l'éradication de la maladie. On peut se demander la place qu'aura dans l'avenir l'examen physique dans l'établissement du diagnostic, les médecins faisant finalement plus confiance, pour poser leur diagnostic, aux examens complémentaires qu'à leur finesse d'examen.

## Les examens complémentaires

Le médecin propose, le patient dispose. Là encore, la coopération du patient est essentielle. N'étant pas du bon côté de l'aiguille, il peut refuser l'exploration. À charge pour le médecin de démontrer que cet examen est indispensable. Certains examens comme les biopsies ou les cathétérismes sont dissuasifs, alors qu'ils sont le plus souvent les seuls garants du diagnostic. Ces examens sont soit prospectifs – un peu comme ferait un pêcheur à la traîne qui laisserait aller appât au fil de l'eau afin de prendre des poissons –, soit à visée préventive ou prophylactique, soit à visée diagnostique étiologique (détermination de la cause), permettant de faire la preuve de la maladie et de proposer le traitement.

Grâce à la conjonction de l'anamnèse, de l'examen physique et des examens complémentaires, le médecin est en mesure de poser un diagnostic. Ou non.

## Le diagnostic est-il nécessaire à la décision ?

La question se pose très clairement en médecine d'urgence où, en l'absence d'examens complémentaires, le médecin ne peut poser de diagnostic précis, mais seulement proposer un éventail de possibilités. Il lui faut pourtant prendre une décision : laisser le patient à domicile avec un traitement ? l'envoyer à l'hôpital ? dans ce cas, par quels moyens ? appeler directement le Samu, qui prodiguera des soins techniques immédiats suivis d'un transport médicalisé ?

Cette décision est liée aux diagnostics potentiels, mais aussi à l'état du patient. C'est pour cette raison qu'a été établie la classification commune de médecine d'urgence (CCMU), qui permet de définir un diagnostic de gravité, même si le diagnostic étiologique n'a pas encore été établi. En conséquence, un médecin peut prendre une décision en toute certitude, alors qu'il est dans l'incertitude totale sur le diagnostic.

Combien de patients ai-je envoyés à l'hôpital sans savoir de quoi ils souffraient, mais avec la conviction éclairée que leur état nécessitait un transport et des soins immédiats ? Combien de fois aussi ai-je laissé à domicile des personnes dont je savais l'état grave sans connaître le diagnostic, parce que la réalité humaine imposait de les laisser chez elles, une hospitalisation ne faisant que prolonger la vie de quelques heures ou de quelques jours au prix de souffrances importantes et d'un désarroi intense face à la froideur hospitalière ? Combien de fois, enfin, ai-je renoncé à hospitaliser des personnes dont je savais qu'elles seraient refoulées dès le sas des urgences, leur problème étant plus social que médical ?

Cette réalité, vécue par tous les urgentistes, montre que la compréhension intime de l'état d'un patient, dans toute l'acceptation de son être, est plus importante que l'enfermement d'une personne dans un diagnostic.

# LE DIAGNOSTIC SELON LA MACHINE

C'est sur ce terrain que s'affrontent les tenants de l'intelligence artificielle et ses opposants. Certains médecins y voient une perte de leur pouvoir et contestent donc les performances de la machine ; d'autres y voient une aide irremplaçable. La vérité est sans doute entre les deux.

## L'anamnèse

Il est clair que les algorithmes d'aide au diagnostic vont très rapidement dépasser les capacités du médecin. En effet, un interrogatoire mené par un algorithme sera forcément plus complet et plus pertinent que celui du médecin. Non pas parce que la mémoire de la machine est infinie et que ses connaissances forcément plus importantes que celles du médecin, mais simplement parce que la machine ne se fatigue pas !

En fait, la machine est très à l'aise dans ce type d'opération, à partir du moment où les symptômes ont été bien définis au départ. En rapprochant les symptômes, leurs caractéristiques (localisation, intensité, type de déclenchement, ancienneté, etc.), les antécédents de la personne (médicaux, chirurgicaux, familiaux) et les événements passés, il est possible de poser de nombreux diagnostics. Le nombre théorique de maladies est de 17 000 environ, dont près de la moitié sont des maladies rares. On peut donc estimer que, d'ici à cinq ans environ, la totalité des maladies connues seront définies par une symptomatologie précise, explorable par le simple interrogatoire.

Les expériences consistant à interroger le patient avec le système expert MedVir ont d'ailleurs montré que, dans 87 % des cas, le diagnostic porté par l'hôpital après examen clinique et examens complémentaires (biologie, imagerie...) avait été suspecté par le simple interrogatoire utilisant MedVir. Cela recoupe les études[1] qui estiment que, dans 80 % des cas, le diagnostic est suspecté dès l'interrogatoire.

---

1. A.J. Scheen, « Medical interviewing, initial key step in the disease diagnosis », *Revue médicale de Liège*, 68, novembre 2013, p. 599-603. — M.C. Peterson, J.H. Holbrook *et al.*, Peterson et Holbrook, « Contributions of the history, physical examination, and laboratory investigation in making medical diagnoses », *Western Journal of Medicine*, 156(2), février 1992, p. 163-165. — M. Roshan et A.P. Rao, « A study on relative contributions of the

## L'examen clinique

On peut se dire que rien ne remplacera les mains, les yeux, l'odorat ni les oreilles du médecin. Ce credo, défendu bec et ongles par les réfractaires à l'intelligence artificielle médicale, est déjà battu en brèche par les usages. Les mesures de ce qu'on appelle « les constantes » (pouls, tension, saturation en oxygène, souffle, température, glycémie, électrocardiogramme) sont réalisables par un non-médecin[1], voire par le patient lui-même grâce aux objets connectés. Il existe même des patchs reliés par Bluetooth à un smartphone pour mesurer en temps réel et en continu la glycémie, par exemple.

Mais l'auscultation ? Depuis plusieurs années, la simple adaptation d'un micro sur le pavillon du stéthoscope permet d'enregistrer le cœur ou les poumons. Un non-médecin est donc capable, après une courte formation, de réaliser cette auscultation et d'en tirer un fichier son que le médecin pourra écouter à distance. C'est ce qui se fait couramment en télémédecine.

Et pour l'interprétation, pourra-t-on remplacer le médecin ? Si l'application Shazam peut reconnaître une musique sans erreur après trente secondes d'écoute, un algorithme adapté en sera tout aussi capable.

> *Des enregistrements de 400 patients porteurs de souffles cardiaques ou ayant une auscultation normale ont été confrontés aux résultats de l'échodoppler réalisé sur les mêmes patients. La banque de données actuelle, qui n'est pourtant pas considérable, est en mesure de poser le diagnostic auscultatoire cardiaque dans 95 % des cas. Or, on sait que l'oreille du médecin est beaucoup moins fiable que l'échodoppler. À terme, un stéthoscope intelligent, comme le « smartoscope », sera capable de poser tout seul le diagnostic auscultatoire et de transmettre ses conclusions au médecin.*

Soit ! Mais la vision du médecin est-elle remplaçable ? Les performances des dermatoscopes et des smartphones dans le domaine de la prise de vue sont d'ores et déjà plus élevées que la simple vision du médecin. Là encore,

---

history, physical examination and investigations in making medical diagnosis », *Journal of the Association of Physicians of India*, 48(8), août 2000, p. 771-775.

1. C'est-à-dire un professionnel de santé non-médecin, par exemple pharmacien, infirmier, kinésithérapeute, ambulancier, etc.

des algorithmes sont en mesure, par *deep learning*, de faire des diagnostics dermatologiques. Il en va de même avec les otoscopes, les laryngoscopes, les rétinoscopes, etc. Tout ce qui concerne l'image et le son est ou sera bientôt beaucoup plus performant que les yeux ou les oreilles du médecin. De plus, avec les lunettes en réalité augmentée, on peut superposer aux images réelles des données ou d'autres images permettant à l'utilisateur d'être aidé (c'est ce qu'on fait dans certains domaines pointus de l'industrie pour la recherche de pannes). Ces images sont partageables en temps réel, ce qui permet à une personne distante de suivre la situation comme si elle était sur place.

Et la palpation ? Il existe maintenant des tissus intelligents et des capteurs capables de mesurer la température de la peau, son degré d'hygrométrie, sa texture, sa couleur, ainsi que les retours de force[1]. Dans cinq ans environ, il sera donc possible de confier l'examen du ventre d'un patient à un non-médecin formé, qui pourra effectuer l'examen au moyen d'un gant avec retour de force (selon un protocole précis), de numériser ces données et de les envoyer par Internet à un médecin à distance. Ces données seront fournies à un mannequin en silicone équipé de moteurs qui vont reproduire la réaction du ventre du patient. Ainsi, le médecin distant[2] pourra ressentir exactement sur le mannequin les réactions du patient. Même sans mannequin, un simple algorithme mathématique sera en mesure de déterminer une réaction de défense ou une contracture par la seule interprétation des données numériques récoltées. Certaines sondes intelligentes sont également capables de repérer des textures différentes au sein d'un tissu. Des sondes de plus en plus spécialisées pourront à terme détecter des maladies comme la sclérodermie, la maladie de Dupuytren ou des tumeurs cutanées. Alternative à la palpation, l'usage croissant de l'échoscopie par les médecins amènera des non-médecins formés à ces techniques à effectuer cet examen, de la même façon que les manipulateurs radio ont, depuis trente ans, remplacé le radiologue dans la cabine de radiologie.

1. Capteurs intégrables dans des objets ou des tissus, capables de mesurer une force (la pression de la main, par exemple) et de mesurer également la résistance de la zone palpée (le ventre, par exemple).

2. On entend par « médecin distant » un médecin agissant à distance.

Et qu'en est-il de l'odorat ? Le Leti[1] a mis au point un nez artificiel capable de repérer 80 odeurs différentes. Or, un médecin ne reconnaît en moyenne qu'une vingtaine d'odeurs : l'odeur acétonique du diabétique mal équilibré, l'odeur fruitée de l'insuffisant hépatique, l'odeur de paille pourrie de la brucellose, l'odeur de tabac ou d'alcool, etc. On peut aller encore plus loin : des chiens ont été dressés pour repérer des tumeurs cancéreuses mammaires avec une fiabilité stupéfiante. Un nez artificiel entraîné pourra donc à très court terme « renifler » des tumeurs.

Quant à l'examen neurologique, il demande peu de compétences manuelles, tout l'art du médecin consistant à interpréter. La conjonction de toutes ces techniques pourra, d'ici à cinq ans environ, permettre de faire un examen neurologique complet et fiable, interprété à distance dans le cadre de la télémédecine, mais également grâce à des algorithmes d'interprétation en *machine learning*.

N'en déplaise aux tenants de l'examen clinique – dont je suis un fervent défenseur –, les capteurs à venir seront plus performants que nous médecins ! Nos pratiques et notre relation au corps du patient vont devoir évoluer.

## Les examens complémentaires

C'est dans ce domaine que les avancées sont les plus spectaculaires, en raison de la précision des machines et de l'augmentation exponentielle des bases de données d'images médicales numérisées. En ce qui concerne la biologie, il faut prendre en compte trois éléments :

**Le prélèvement.** Pour prélever, il faut actuellement un technicien : prise de sang, prélèvement de peau ou prélèvement de muqueuse (vagin, gorge, urètre, etc.), biopsie, etc. Ce sont depuis longtemps des non-médecins qui s'en chargent. Certaines tâches, comme les biopsies, restent réservées aux médecins pour des raisons de responsabilité, mais on sait que des techniciens bien formés et sous le contrôle de médecins à distance seront tout à fait capables de le faire. Il apparaît de plus en plus certain que des robots « formés » aux prélèvements tissulaires, seront au moins aussi efficaces.

1. Laboratoire d'électronique et de technologie de l'information, centre pionnier dans la recherche appliquée en microélectronique et en nanotechnologies.

**L'analyse des données.** En ce qui concerne les données chiffrées, des algorithmes simples permettent de déterminer ce qui est normal ou non dans une prise de sang et, en rapprochant les résultats, d'aboutir à des diagnostics que l'on appelle « biologiques ».

**L'interprétation des données en fonction du contexte (anamnèse et examen clinique).** La confrontation des données biologiques avec les données de l'examen clinique (on a vu qu'il existe des capteurs capables d'en interpréter les données) et avec les résultats d'imagerie sera tout à fait à la portée de machines d'ici à cinq ans.

En ce qui concerne l'imagerie, le recueil des images est depuis longtemps effectué par des manipulateurs radio très performants, même si le radiologue continue d'intervenir lorsque l'imagerie nécessite des méthodes invasives (injections artérielles, montée de cathéters ou de sondes, coronarographie, coloscopie, par exemple). En revanche, si son rôle a été incontournable jusque vers 2015 en ce qui concerne l'analyse et l'interprétation des images, la puissance des machines permet désormais le diagnostic par *deep learning*. Ces machines sont en mesure de poser des diagnostics radiologiques pertinents sur des IRM ou des scanners dans 95 % des cas, là où un radiologue n'obtiendra le diagnostic que dans 60 % des cas. La double, voire la triple lecture des images permet, notamment pour les mammographies ou les images en cancérologie, d'améliorer ce score. Mais il est clair qu'à la fois en matière de rapidité et de performances la machine est d'ores et déjà en passe de supplanter le radiologue.

L'électrocardiogramme (ECG), notamment pour les troubles du rythme cardiaque (la rythmologie), semblait à l'abri du *deep learning* en raison de son extrême variabilité (liée à la qualité du tracé) et de la difficulté d'interpréter des ondes parfois de très faible amplitude. Cependant, en raison de la quantité considérable d'ECG numérisés et interprétés, il a été possible de constituer une banque d'images permettant de diagnostiquer par *deep learning* n'importe quel ECG avec une fiabilité époustouflante. La machine ne comprend pas ce qu'elle a diagnostiqué et serait dans l'incapacité de l'expliquer, mais elle ne se trompe pas.

On peut étendre cette technique du *deep learning* à de nombreux autres examens comme l'échographie, la rétinographie, l'échodoppler, etc. Un manipulateur bien formé pourra les pratiquer aussi bien qu'un échographiste – l'exemple des sages-femmes a d'ailleurs démontré qu'il n'est pas besoin d'être médecin pour faire une échographie et l'interpréter. Quant à l'interprétation, elle devrait pouvoir rapidement être automatisée grâce à la constitution de banques d'images très étendues.

On peut donc affirmer sans trop se tromper que, d'ici à dix ans environ, le diagnostic aura totalement échappé aux médecins. Cette prédiction, qui n'a pas encore de réalité actuellement, inquiète fortement le corps médical. Et même si certains restent dans le déni, l'évolution se fera inéluctablement dans ce sens, car la machine deviendra peu à peu, dans le domaine du diagnostic, plus performante que l'être humain.

Que nous restera-t-il, à nous médecins, une fois que nous aurons été dépossédés de ce qui faisait notre spécificité et l'instrument de notre pouvoir ? C'est ce que nous verrons plus loin. Sans déflorer le sujet, disons que l'avenir du médecin est loin d'être aussi sombre qu'il n'y paraît.

# Maladie : la guerre des fantasmes

Dès que la maladie est nommée, il y a appropriation de la part du médecin et du patient. Autant le médecin et le patient avaient des positions individualisables dans les phases précédentes, autant, dès que le mot « maladie » est prononcé, un couple est formé, qui durera aussi longtemps que la relation médecin-patient. Y a-t-il alors une guerre des fantasmes, c'est-à-dire la volonté – du médecin comme du patient – d'imposer à l'autre l'expression de sa vision de la maladie ?

## LA MALADIE SELON LE COUPLE MÉDECIN-PATIENT

La maladie est multiforme. Deux patients atteints de la même maladie n'auront pas le même ressenti, ni la même façon de l'exprimer. Or, pour le médecin, une appendicite reste une appendicite, même s'il existe des formes cliniques variées de cette maladie. Et pour la société, la maladie a une signification différente, qui s'inscrit dans sa culture.

### La part culturelle de la maladie

La maladie est une construction intellectuelle qui varie selon les cultures. Pour les médecins occidentaux, elle est due à une atteinte des organes qui s'exprime par des symptômes et que le patient exprime par sa plainte.

Dans la médecine chinoise, elle est un conflit entre les énergies venues du macrocosme et celles venues du microcosme. Pour les sociétés tribales, c'est l'esprit des ancêtres qui vient tourmenter les vivants. La représentation de la maladie est donc une idéation.

Pour le patient, la seule réalité, c'est sa plainte. La maladie dont il souffre est celle qui est définie par le médecin, le chaman ou le sorcier. La représentation qu'il en a est donc celle qu'on lui a donnée à voir. Cela apparaît clairement lorsque les médecins tombent malades et se retrouvent confrontés à une représentation de la maladie différente de celle qu'ils ont pu concevoir en tant que médecin – cette fois, c'est d'eux-mêmes qu'il s'agit en tant que patient.

## La maladie fantasmée

« Fantasmée » ne veut pas dire « inventée ». Le terme est à prendre dans son sens courant et non au sens où Freud, son inventeur, l'a défini. La définition que je retiens ici pour expliciter l'emploi de ce terme dans la maladie est la suivante : le fantasme est une fixation mentale ou une croyance irraisonnée. En ce qui concerne la maladie, il s'agit donc bien d'un « fantasme », de la projection imaginaire d'une réalité qui n'est que potentielle : la maladie est une certaine façon de nommer, de concevoir ou d'imaginer la cause du mal dont on est atteint. Dès que l'on sort du domaine de la connaissance pour entrer dans celui de la croyance ou de l'idée que l'on se fait d'une réalité, on pénètre dans le fantasme. Et c'est le cas autant pour le patient que pour le médecin.

Cette vision fantasmatique différente de la maladie peut générer des incompréhensions, voire des conflits entre médecin et patient, ce qui entraîne en tout cas une véritable négociation à la fois sur le diagnostic posé, les explorations à mener et les traitements à mettre en place.

## Une vision disjointe

Le philosophe et médecin Georges Canguilhem la définit parfaitement : « C'est d'abord parce que les hommes se sentent malades qu'il y a une médecine. Ce n'est que secondairement que les hommes, parce qu'il y a une médecine, savent en quoi ils sont malades. » Pour le patient, la maladie concerne sa vie quand, pour le médecin, elle concerne son métier. Le médecin la nomme « pathologie » quand le patient parle de « maladie ». Le second cherche à s'en débarrasser alors que le premier cherche à la diagnostiquer. Le second s'inquiète pour lui-même alors que le premier s'inquiète pour son patient – mais ce n'est pas le même type d'inquiétude. Le second a une connaissance livresque ou numérique de sa maladie alors que le premier la voit par le prisme de la connaissance, acquise par ses études, sa formation et son expérience.

## Focus

**La connaissance n'a pas été acquise en un jour par les médecins. C'est ce qui fait la richesse de l'histoire de la médecine. Le médecin qui individualisait une maladie à partir de sa description et de la cause suspectée donnait son nom à cette maladie. Lorsqu'un aréopage de médecins constatait qu'un ensemble de signes pouvait correspondre à une seule et même maladie, ou à un seul et même processus pathologique, ils lui donnaient le nom de « syndrome ». Lorsqu'un syndrome bien identifié se nuançait de particularités, que l'on appelle « formes cliniques » de la maladie, le syndrome était nommé du nom de celui qui l'avait défini ou d'un nom générique : par exemple, « syndrome extrapyramidal » – la maladie de Parkinson étant l'une des expressions du syndrome extrapyramidal. Tout cela s'appelle la « nosographie ».**

La connaissance médicale se développe de façon exponentielle, et le savoir des médecins devient de ce fait relatif[1]. Paradoxalement, grâce à Internet, les connaissances médicales des patients augmentent, mais sur le domaine très limité de leur maladie. Tout ce qui échappe à la connaissance de l'un comme de l'autre entre dans l'imaginaire, donc dans le fantasme.

1. La classification internationale des maladies de 10e génération (la CIM 10) fait état d'environ 17000 maladies. Un médecin connaît en moyenne le nom de 7000 à 8000 maladies. Mais il ne connaît véritablement les signes que d'environ 2 500 d'entre elles, ce qui n'est déjà pas si mal ; cela ne représente toutefois que moins de 20 % de l'ensemble des maladies. Cette méconnaissance est compréhensible en raison du développement considérable de la connaissance médicale.

Face à la maladie dont il connaît le nom ou sur laquelle il peut se renseigner, l'attitude du médecin varie selon sa maîtrise du sujet. Un spécialiste sera très à l'aise et aura une compréhension très approfondie des pathologies de sa spécialité, mais sera démuni face à d'autres maladies qui ne relèvent pas de son domaine. De la même façon, un généraliste, qui possède une connaissance plus large mais moins pointue qu'un spécialiste, se sentira plus ou moins à l'aise selon les pathologies qu'il rencontre. Tant que le médecin possède une certaine maîtrise d'un sujet, il reste dans un domaine de compétence ; au-delà, il entre dans une zone de méconnaissance qu'il ne peut aborder que de façon fantasmatique.

La conception que le médecin a de la maladie est également fantasmatique dans la mesure où il lui faut imaginer la façon dont celle-ci est ressentie par le patient. Les cancérologues, en particulier, savent repérer par expérience ceux qui, à pathologies et stades équivalents, ont des chances de s'en sortir et ceux qui en ont moins. Ce faisant, ils accordent à la maladie une part pronostique fantasmatique qui influera sur la conception qu'ils auront de tel cancer précis pour tel patient précis.

Avec l'entrée progressive dans la maladie – surtout si celle-ci est chronique –, avec la connaissance personnelle acquise au fil du temps et, surtout, avec son vécu, le patient va voir diminuer la part fantasmée qu'il a de son mal et augmenter sa part objective. Ainsi peut-il nommer *sa* maladie, la décrire avec ses mots, selon son ressenti au quotidien, exprimer la représentation qu'il en a, comprendre le sens qu'elle a pour lui dans son existence, les raisons profondes qui font qu'il est atteint de cette maladie plutôt que d'une autre, voire en mesurer – expression horrible et pourtant consacrée – les « bénéfices secondaires ». Avec le temps, il sort du fantasme et rejoint la réalité de sa plainte ; la représentation qu'il a de sa maladie se précise, de même que les mots qu'il utilise pour la définir. Peu à peu, il entre dans l'objectivation et finit ainsi par rejoindre le médecin sur le même terrain. Finalement, celui qui sera le plus proche de la vérité, ce n'est pas le médecin, qui vit la maladie par « patients interposés », mais bel et bien le patient, qui aura fini par s'approprier sa maladie parce qu'il peut la nommer et la connaître. Ce qu'on pourrait résumer ainsi : la raison du patient est toujours la meilleure !

# LA MALADIE SELON LA MACHINE

Pour la machine, la maladie n'est pas un fantasme mais une donnée issue d'un savoir formel. Elle est d'abord le fruit du savoir des médecins. De ce fait, la machine ne fait que rechercher ce qu'on lui a appris. Mais la maladie pour la machine est aussi, et de plus en plus, le fruit du savoir des patients, notamment au travers des « communautés de patients », où l'échange entre personnes atteintes du même mal donne sur la maladie un regard très particulier.

Pour l'instant, la machine ne peut pas grand-chose en matière de classification, car elle reste tributaire de la pensée des médecins, laquelle est conditionnée par la nosographie, dont nous avons parlé plus haut. Tant que nous travaillerons avec 17 000 maladies, dont 8 000 maladies rares, la machine, malgré sa grande mémoire, ne pourra pas trouver de moyen de les réduire drastiquement avec une pensée logique cohérente fondée sur la plainte du patient et sur les données de la physiopathologie. C'est ce que j'appelle une « conception syndromique » de la maladie. Depuis quarante ans, des recherches tentent, à partir des symptômes du patient (et non de sa plainte), des données d'examen clinique et des examens complémentaires, de proposer des diagnostics possibles[1]. Ce travail de bénédictin est pourtant menacé d'obsolescence dès sa conception, car les connaissances de la médecine doublent tous les deux ans.

La machine est surtout tributaire de la pensée du patient, c'est-à-dire des 7 milliards d'individus qui ont, sur leur maladie une vision fantasmée profondément ancrée dans la culture du pays où ils vivent. À cela s'ajoute la variabilité extrême de la plainte. Si la machine n'a aucun problème pour gérer cette masse de données, il semble difficile de la nourrir avec des données pertinentes. C'est pourtant le pari des *big data*: réunir des milliards de données, en éliminer le « bruit informatique » et en tirer la quintessence de la connaissance.

Les nuages qui passent, les perturbations qui s'enchaînent, modifiés par les courants ascendants et descendants, auxquels s'ajoutent la rotation de la Terre, la position du Soleil et de la Lune, les grandes marées, tous les

1. C'est ce que propose par exemple l'application Aidediag développée par le Dr Bernard Chassaing.

événements qui interviennent (éruptions volcaniques, pollution, activité humaine), sans oublier les cycles naturels de glaciation, et j'en passe, tout cela porte un nom, le « climat », avec l'explication que nous tentons d'en donner : la « météorologie » ! Définir et prévoir les maladies avec les *big data* est un fantasme encore plus fou que de vouloir prédire avec certitude le temps qu'il fera demain.

Construire une nouvelle façon de penser la maladie avec la conception que nous en avons est voué à l'échec. Car, à la différence du génome qui, grâce à un alphabet de quatre lettres, contient en son sein des maladies génétiques et des prédictions, la maladie telle que nous la concevons est un alphabet de 17 000 lettres ! Ou de 2 000 syndromes ! Ou de 200 symptômes ! Mais avec la variabilité extraordinaire du langage des patients...

Il existe toutefois, dans ce domaine, une tentative intéressante : celui de la Snomed CT[1], une ontologie qui traduit les symptômes, leurs caractéristiques et les descriptions des maladies. Elle échappe aux possibilités de mémorisation d'un être humain normal, mais la machine peut les gérer. D'ici à dix ans peut-être, nous pourrons assister à la construction d'une ontologie qui aura du sens !

1. La Snomed CT comprend 640 000 entrées. Elle consiste à traduire chaque mot ou expression d'une observation médicale en un code chiffré. On peut ainsi traduire « douleur dans la poitrine, localisée dans le sternum et irradiant dans le bras gauche » par une suite de six codes. Travail de bénédictin là aussi, mais où la variabilité du langage est canalisée vers des codes univoques ayant un sens univoque.

# Traitement : la fin et les moyens

Le traitement est la dernière phase avant la guérison recherchée. Malgré les avancées extraordinaires dans le domaine de la thérapeutique, de très nombreuses plaintes exprimées par les patients ne peuvent bénéficier d'aucun traitement. On peut soulager avec plus ou moins d'efficacité un grand nombre de symptômes, mais nous ne disposons d'aucun remède pour un nombre important de maladies.

## TRAITEMENTS ET SOINS

Le traitement n'est pas l'apanage des seuls médecins. Il faut bien avoir conscience que le médecin qui prescrit et qui obtiendra la guérison n'est que le dernier chaînon de toute une chaîne qui l'a précédé : les chercheurs, les laboratoires pharmaceutiques, les fabricants de matériel médical, etc. Son acte est donc très humble et repose sur le travail de tous ceux qui ont participé à sa mise au point.

Pourtant, le prescripteur retrouve tout son pouvoir grâce à la façon dont il va « vendre » tel traitement à son patient. La relation médecin-patient est émaillée de phases de négociation, en particulier en ce qui concerne l'acceptabilité du traitement par le patient. Si le médecin se prive de l'effet placebo qu'il aura mis en place grâce à sa crédibilité auprès du patient, le traitement sera moins efficace, voire sans effet (effet nocebo). Cette implication humaine potentialise le traitement et le rapproche du soin.

Les nombreuses expressions de la langue française illustrent clairement la différence fondamentale entre le traitement et le soin. On « prodigue des soins » alors « qu'on prescrit un traitement », la prescription transférant le soin à celui qui va l'effectuer (infirmière, kiné, etc.). On parle de « médecin traitant » et d'« équipe soignante », ce qui prouve que, pour soigner, il faut être plusieurs. Le soin possède désormais une dimension multidisciplinaire, ce qui en augmente le professionnalisme mais introduit une distance de fait entre le patient et son médecin. En dehors de relations fortes entre un patient et *son* médecin, le soin est dévolu à l'équipe, ce qui dilue l'implication humaine entre le patient et tous les participants à cette relation. Soulignons que, pour les professions paramédicales (infirmières, kinésithérapeutes, dentistes, etc.) où le thérapeute utilise ses mains, on continue à parler de soins. Le glissement dans les termes employés par les médecins ne montre-t-il pas que nous avons, en tant que médecins, peu à peu abandonné le soin, moins noble, au profit du traitement, plus intellectualisé ? Traitement et soin ne sont pas synonymes.

Se pose alors la question suivante : peut-on traiter sans soigner ? Et dans le cas d'une réponse positive, qui va prendre soin du patient si un paramédical n'entre pas dans le processus ? C'est là, je pense, que se trouve toute la dimension thérapeutique cachée de l'examen clinique, qui c'est – en dehors des actes techniques permettant de soigner – le seul moment où le médecin touche son patient. Sans doute est-ce à ce moment, alors qu'il n'a pas encore prescrit de traitement, qu'il est le plus proche du soin dans la relation avec le patient.

L'acte intellectuel de la prescription serait donc limité au traitement. Pour soigner, il faudrait soit une implication manuelle (les gestes thérapeutiques), soit une implication psychologique (les psychothérapies). En effet, dans la psychothérapie, on ne parle pas de traitement, mais de « soins », ou parfois de « suivi », car l'acte, s'il demeure intellectuel, est prolongé par une dimension émotionnelle qui lui confère un statut de soin.

Tout cet ensemble – traitements, soins, mais aussi protocoles – constitue la partie technique. Il s'y ajoute une partie importante qui repose sur la confiance, dont l'effet placebo est l'un des marqueurs. La conjonction de l'aspect technique et de l'aspect psychologique aboutit à ce qu'on appelle la « relation thérapeutique ».

Le passage du traitement au soin est-il nécessaire ? En tant que médecins, et en respectant notre éthique médicale, ne pouvons-nous pas nous exonérer du soin en nous contentant de traiter ? On peut le penser quand on voit l'augmentation constante de la technicité. Plus les traitements sont techniques et passent par les mains (ou les machines qui prolongent les mains), plus le traitement se rapproche du soin. Mais lorsque le traitement ne passe plus par les mains, l'acte intellectuel seul ne suffit plus, à moins qu'une autre dimension ne soit introduite : la compassion – ou son versant moins impliquant, l'empathie. C'est l'arme ultime dont le médecin dispose pour aider son patient lorsqu'il n'y a plus rien à faire. La main sur le front des mourants, l'annonce d'une maladie grave, les paroles de réconfort, les gestes d'humanité ne seront jamais accessibles à la machine.

## L'EFFET PLACEBO

Toute substance destinée à soigner – et présentée comme telle – entraîne une amélioration dans 30 % des cas, et souvent plus, qu'elle possède ou non le moindre principe actif. Cela explique sans doute pourquoi les apothicaires d'autrefois, très friands d'élixirs bizarres, parvenaient à faire passer la maladie à défaut de faire trépasser le malade. Jean-Nicolas Corvisart, médecin avisé de l'impératrice Joséphine, distribuait aux courtisanes des pilules de *mica panis* (mie de pain) pour soigner leurs intestins paresseux. Un placebo pur est donc une substance neutre, sans la moindre molécule pharmacologiquement active, donnée dans le but de susciter un effet psychologique à visée thérapeutique.

L'effet placebo entre pour beaucoup dans l'efficacité du traitement. Tous les médecins ont pu l'expérimenter. D'ailleurs, moins la maladie est guérissable, plus le médecin accordera de soin à « vendre » l'efficacité du médicament qu'il prescrit, que celui-ci soit actif ou inactif.

« L'image du placebo dans l'esprit des médecins est encore, injustement, une image négative », a écrit le psychiatre Édouard Zarifian. Tout se passe comme si le médecin, en accordant un pouvoir à cette substance sans effet pharmacologique, dévalorisait son acte, puisqu'il fournirait ainsi un faux médicament à un vrai patient. Ou encore, un cran au-dessus, comme si le fait de donner un faux médicament pourrait faire passer le malade du statut de « vrai malade » à celui de « faux malade ». En poussant le raisonnement plus loin, c'est comme si le médecin participait à une sorte d'arnaque où le patient est trompé sur la nature du traitement administré. Il y a en fait confusion entre un médicament placebo (pharmacologiquement inactif, mais psychologiquement actif) et l'effet placebo, qui est un effet psychologique. Un médicament placebo administré comme un vrai médicament fait prendre des risques au patient, alors qu'un effet placebo augmente l'action du médicament.

C'est peut-être là que le traitement devient soin, le médecin ajoutant à la substance médicamenteuse son propre génie thérapeutique grâce à l'implication psychologique qu'il a développée avec *son* patient. En poussant le raisonnement, on peut penser que, pour soigner, le médecin a besoin de « se prescrire lui-même » en tant qu'acteur du soin.

L'effet placebo est le meilleur allié du médecin. Il le dédouane de ses erreurs, de ses incompétences ou simplement de l'impossibilité, pour la science médicale, de répondre à la plainte du patient. Or, cette même science a besoin, pour valider l'efficacité d'un médicament, de confronter une molécule donnée à un placebo – molécule et placebo sont donnés dans les mêmes conditions, selon le même protocole, mais le placebo ne contient strictement rien. Pour la science, le placebo, c'est le diable. Pour le médecin, c'est le Bon Dieu !

*La pauvre femme pesait cent cinquante kilos et, sous la graisse des bras, ses veines étaient inaccessibles. « Vous n'y arriverez pas, docteur, me dit-elle en suffoquant à cause de sa crise d'asthme. Je suis impiquable ! » À l'époque, on ne disposait que de l'aminophylline, qui devait être injectée en intraveineuse. Elle avait raison : j'ai essayé six fois de suite d'atteindre la veine, sans succès. Et plus ça allait, plus elle suffoquait. « Je vais changer d'aiguille et ça va aller ! » lui ai-je dit d'un air convaincu. Je la prépare psychologiquement à cette aiguille d'un genre nouveau, destinée aux personnes « impiquables », et je vide le contenu de la seringue sous le lit. Je la pique une septième fois et, bien sûr, je rate la veine. Je cache le corps de la seringue avec mon doigt et j'annonce triomphalement – mais en suant à grosses gouttes – que l'aiguille est dans la veine. Je fais semblant d'injecter lentement le produit tout en lui parlant, et elle commence à mieux respirer. À la fin de ma pseudo-injection, elle revit. Chronique ordinaire de l'effet placebo.*

# LE TRAITEMENT SELON LA MACHINE

Grâce à sa mémoire et à ses algorithmes, la machine est parfaitement outillée pour prescrire un traitement. Elle sait appliquer des protocoles thérapeutiques aussi bien qu'un médecin, puisque le raisonnement médical fonctionne comme un algorithme.

L'intelligence artificielle Watson, par exemple, est capable – dans le seul domaine de l'oncologie – d'aller rechercher dans la littérature médicale mondiale qu'il a apprise le traitement le mieux adapté au cas particulier que le médecin lui soumet. Ce type d'intelligence artificielle (*machine learning*) se comporte comme un super-documentaliste. Mais s'il fournit très bien la publication où trouver le protocole optimal, il n'est pas en mesure d'expliquer pourquoi il s'agit du meilleur traitement. D'autres systèmes experts proposent un traitement après l'application d'un algorithme calqué sur le raisonnement médical. Ils sont théoriquement en mesure d'expliquer leur raisonnement.

Tant que le médecin utilise ces programmes comme une aide, une documentation, voire une extension de son cerveau, le lien entre lui et le patient reste entier. Mais dès lors que le patient se trouvera directement confronté à la machine, la médiation avec le médecin disparaîtra et, avec elle, tout ce qui fait la relation thérapeutique. *A fortiori*, l'absence de prise en compte du corps du patient grâce à l'examen clinique privera celui-ci du soin. C'est pourquoi une machine ne pourra jamais soigner : il lui manquera toujours cette empathie que le patient réclame en plus de la compétence médicale.

La machine peut être « traitante », mais elle ne pourra jamais être « soignante » : ce sont des humains qui soignent les autres êtres humains.

Si la machine gagne ses lettres de noblesse, c'est grâce à la robotique. Comme on le verra plus loin, pilotés d'abord par l'homme, avec des moteurs dotés d'une précision jusqu'à l'échelle du micron, les robots chirurgiens réalisent des prouesses qui ne feront qu'augmenter. Ils deviendront alors des outils au même rang que le bistouri du chirurgien. Les techniques de réalité augmentée, par lesquelles la machine aide le chirurgien, vont aboutir à une véritable coopération entre l'homme et la machine. On sait aussi à quel point les exosquelettes qui équipent les personnes paraplégiques et leur redonnent la possibilité de se mouvoir sont des voies promises à un grand avenir. Cette intelligence artificielle se rapproche de fait de ce que nous appelons chez l'être humain l'intelligence du corps.

Mais pour l'effet placebo, l'intelligence artificielle restera toujours loin du compte, car le patient sait parfaitement que c'est une machine qui a prescrit, et on ne négocie pas avec une machine !

# Le suivi thérapeutique

Le suivi thérapeutique est la dernière phase de la relation médecin-patient, celle dont l'un comme l'autre espère qu'elle aboutira à la guérison.

Autant le médecin dispose d'outils de réflexion et d'action, notamment grâce à l'application de protocoles, autant pour le patient rien n'est tracé. L'entrée dans la maladie est la plongée plus ou moins brutale dans un monde inconnu et potentiellement effrayant.

## LA GUÉRISON

C'est ce qui arrive dans la plupart des cas de maladies aiguës. Pour le médecin, c'est un motif de satisfaction – et le but recherché. Il a tendance à accorder à son traitement tout le mérite du résultat. Pour le patient, c'est aussi le but recherché, mais il se dit parfois qu'il aurait guéri de toute façon. « Un rhume bien soigné guérit en une semaine, alors qu'un rhume mal soigné traînera pendant sept jours », dit la sagesse populaire. De fait, de très nombreuses maladies, en particulier virales, guérissent spontanément sans que le traitement y soit pour quelque chose.

Le médecin n'a pas forcément la même conception de la guérison que le patient et peut estimer ce dernier guéri quand celui-ci juge que ce n'est pas le cas. Il se joue alors une négociation entre le patient et le médecin au terme de laquelle la notion de « stabilisation » ou de « guérison partielle » devient un compromis sur lequel les deux parties devront s'entendre.

Pour les maladies chroniques comme le diabète ou l'hypertension, il n'existe pas réellement de guérison : la maladie s'est installée, elle est contrôlée et stabilisée, mais elle demeure, nécessitant un traitement à vie. Patient et médecin savent que la guérison n'est pas possible mais que, grâce au traitement, on pourra éviter la survenue de complications, voire de handicaps.

Chacune maladie possède son schéma d'évolution propre et sa singularité, qui permettent au médecin de prédire *a priori* les suites probables. Tant que la maladie reste dans ce cadre évolutif, le médecin ne se sent pas remis en cause. Mais si le patient sort de ce cadre, le médecin peut se sentir remis en question : y a-t-il une complication ? Le traitement est-il adapté ? Le diagnostic initial était-il le bon ? Le patient a-t-il bien été observant ?

## LES COMPLICATIONS

Certaines sont attendues, et le patient en est généralement prévenu. Le traitement est alors adapté ou modifié, ce qui permet au médecin de rester dans le cadre normal du suivi thérapeutique pour lequel des protocoles sont fixés par les conférences de consensus.

Dans d'autre cas, les complications sont fortuites, ce qui nécessite des explications et de la pédagogie de la part du médecin. Le patient peut estimer que toutes les précautions n'ont pas été prises ou que le médecin aurait dû le prévenir. Le dialogue est alors primordial – les plaintes répertoriées par le Conseil départemental de l'Ordre des médecins montrent que, dans la plupart des cas, la judiciarisation du conflit est due à un manque de dialogue entre les deux parties.

Parfois aussi, il existe des séquelles irréversibles pour lesquelles le patient peut estimer qu'il y a préjudice, pouvant entraîner le versement d'indemnités d'invalidité permanente partielle (IPP) ou totale (IPT).

## LE TRAITEMENT EST-IL ADAPTÉ ?

C'est une question que tout médecin se pose et que tout patient s'est posée. Il existe des schémas thérapeutiques suivant des protocoles très élaborés qui permettent au médecin d'inscrire le suivi thérapeutique dans un cadre connu. Cela le rassure et rassure aussi le patient. Mais si le problème persiste, voire s'aggrave au fil des consultations, le médecin fait alors appel à des investigations complémentaires et souvent à l'avis de confrères plus spécialisés. S'il passe la main à un confrère, c'est d'une certaine manière un aveu d'impuissance, d'un manque de maîtrise de la situation ; en même temps, c'est une démarche sage et responsable dans l'intérêt du patient. Le médecin peut la vivre comme une blessure narcissique, mais aussi comme une expérience enrichissante qui va accroître sa connaissance, donc sa compétence. Ces deux sentiments sont confusément liés, et le médecin a parfois tendance à les enfouir. C'est l'un des intérêts des groupes Balint[1], qui permettent au médecin de revisiter l'histoire d'un patient avec d'autres confrères, dans une sorte de thérapie de groupe version médecin.

Mais si le médecin s'accroche et ne passe pas la main, il ne fait que repousser cette éventualité. D'une certaine manière, il est condamné au succès, c'est-à-dire à la guérison du patient ou, du moins, à la stabilisation de la maladie. Dans le cas où l'état du patient ne s'améliore pas, le médecin finit tôt ou tard par se poser la question qui suit.

## LE DIAGNOSTIC INITIAL ÉTAIT-IL LE BON ?

C'est ce qui taraude tout médecin. S'être trompé sur un diagnostic peut avoir des conséquences graves pour le patient, notamment en raison de la perte de chances de succès. Sur ce point, les protocoles thérapeutiques sont relativement muets, car ils envisagent par principe que le diagnostic était juste. Le médecin est alors confronté à un choix difficile : avouer à son patient qu'il pense s'être trompé de diagnostic, ce qui est d'autant plus difficile à faire accepter quand il n'a pas su ou voulu passer la main à temps ; passer la main à un spécialiste afin que celui-ci envisage le problème sous un autre angle ; renvoyer le patient à sa plainte en lui disant qu'il ne

1. Du nom du médecin anglais Michael Balint qui, en 1949, réunissait des médecins afin qu'ils partagent leurs sentiments et leurs idées sur des cas de patients. Balint est à l'origine de la notion de « médicament-médecin ». Il est aussi l'auteur du livre *Le Médecin, son malade et la maladie*, PUF, 1960 (réed. Payot ; 1re édition en anglais : 1957).

peut plus rien pour lui. Ce choix signe généralement la fin de la relation thérapeutique et, parfois, de toute relation.

On peut jeter la pierre aux médecins, stigmatiser leurs erreurs, leurs entêtements, leur manque de courage ou de responsabilité. Nul n'est parfait et aucun médecin ne peut affirmer ne jamais s'être trompé. Mais il ne faut pas oublier que le médecin, à la différence du garagiste ou du plombier, s'attache à réparer les désordres d'une machinerie incroyablement complexe qui est le corps et l'esprit humain.

Ce serait également oublier que la société dans son ensemble a conféré aux médecins le rôle de soigner la population et qu'ils ont une obligation de moyens, et non de résultats. La conception de plus en plus répandue d'un « homme-machine » et la recherche illusoire du risque zéro font oublier ce principe et accroissent inéluctablement la judiciarisation de la médecine. On peut douter que cette dérive améliore la qualité du suivi thérapeutique et, par conséquent, la qualité de la relation médecin-patient.

## LE PATIENT A-T-IL ÉTÉ OBSERVANT ?

Bien des traitements s'avèrent inefficaces parce que le patient ne les suit pas bien. Il ne respecte pas les doses, la durée ou le protocole, ou bien il interprète l'ordonnance à sa façon, voire modifie le protocole. Le médecin n'en sait rien et s'étonne de l'inefficacité de son traitement. Pourtant l'ordonnance était bien là ! Il n'y avait qu'à la suivre et à respecter les explications du pharmacien !

En fait, l'observance du patient – que les Anglo-Saxons appellent *compliance*, ce que nous pourrions traduire par « docilité » – dépend de divers éléments : l'observance naturelle (le bon élève), une organisation pouvant laisser à désirer, une confiance variable (dans le traitement, dans la médecine ou les médecins), une tolérance friable face aux conditions exigées par le suivi (examens, rendez-vous, etc.) ou une compréhension insuffisante de sa maladie.

*Je vois souvent, au cours de mes visites, les composantes d'une mauvaise observance. Certains patients sont peu accommodants, c'est leur nature – faite d'une sorte de rigidité de pensée. Certains sont affaiblis ou manquent de tolérance face à leurs symptômes, à leurs maladies ou aux solutions qu'on leur impose ; cela diminue leur combativité et retarde la guérison. D'autres sont simplement mal organisés, les médicaments traînent partout, parfois même en dehors de leur emballage ; les résultats d'analyses, les ordonnances ou les comptes rendus d'hospitalisation sont introuvables, perdus dans un désordre généralisé. D'autres encore, à tort ou à raison, ne font confiance ni à la médecine, ni aux professionnels de santé, ni à eux-mêmes ; ils sont inaccessibles à tout effet placebo et réduisent à néant leurs chances d'autoguérison. D'autres enfin ne comprennent rien à leur maladie ou à leur traitement, soit par incapacité, soit par déni ; de ce fait, l'absence de prise de conscience et de mobilisation de leur pensée diminue leurs chances d'autoguérison.*

Le patient n'est pas le seul responsable du manque d'observance, le médecin et le pharmacien ont aussi leur part de responsabilité. Les raisons principales en sont le manque de temps, une rémunération insuffisante par rapport au temps passé et le manque de formation à la vulgarisation médicale. Ce talent n'est pas donné à tout le monde et bien des professionnels de santé présentent des carences majeures dans ce domaine. Certains patients ne sont pas observants uniquement parce qu'on ne leur a pas donné les clefs.

Il en est de même pour le suivi thérapeutique : les traitements sont de plus en plus lourds, avec des médicaments efficaces mais aux multiples effets secondaires. Le patient, comme le médecin, ne sait plus alors si les symptômes dont il souffre sont dus aux effets secondaires du traitement ou à une maladie intercurrente. Nous n'en sommes qu'aux balbutiements de la pharmacovigilance et nous commençons seulement à comprendre que le patient est le plus à même de signaler les symptômes qu'il a ressentis, tandis que le médecin n'a pas forcément le temps de tout répertorier.

*Je me souviens de cet homme de 55 ans, porteur d'une hypercholestérolémie familiale et mis de ce fait sous statines, ce qui lui donnait des courbatures plus ou moins marquées. En pleine épidémie de grippe, il a le nez qui coule et une petite toux, de la fièvre avec des frissons. On conclut donc à une grippe, bien qu'il ait été vacciné. Mais le nez continue à couler, les frissons s'accompagnent de tremblements et les urines sont plus fréquentes. Un simple interrogatoire et des bandelettes urinaires positives ont permis de démêler cette histoire : les courbatures étaient dues aux statines, la toux à une simple rhino-pharyngite, et l'ensemble des autres symptômes était une infection urinaire qui commençait à dégénérer en infection du rein (pyélonéphrite). Une intelligence artificielle de suivi thérapeutique l'aurait immédiatement soupçonné et aurait mis beaucoup plus tôt un traitement en route.*

Depuis la fin des années 1990, donc depuis qu'il utilise Internet, le patient a conquis une autonomie de compréhension qui lui permet – avec bonheur – d'être bien moins démuni qu'il ne l'était auparavant. Désormais, il est bien informé sur la pathologie désignée par le médecin, ce qui modifie considérablement la nature du suivi thérapeutique. La problématique du patient est centrée avant tout sur la notion de confiance. À chaque étape et aux différents nœuds de cette relation, notamment lors des différents moments de négociation, le patient se pose la question de la confiance. Le suivi thérapeutique n'y échappe pas, la confiance acquise pouvant à tout moment être remise en cause : « Finalement, ai-je confiance dans le médecin que je consulte ? »

Si la confiance n'est pas là, la qualité et les chances de succès du suivi thérapeutique sont fortement hypothéquées. Il ne reste plus qu'à espérer que la « bonne nature » aboutisse à la guérison.

Tant que la confiance est là, même si elle est minime, son fil ténu reste le garant d'une chance donnée à la relation. Le patient est alors aux aguets de tout ce qui va lui donner des raisons d'espérer une issue heureuse. L'observance du traitement, son efficacité, la docilité plus ou moins grande avec laquelle il va se soumettre aux examens, parfois contraignants ou douloureux, témoignent de cette confiance. Le médecin, par la force de l'habitude, ne mesure pas suffisamment la portée de cette acceptation : il lui semble naturel que son patient en passe par ses prescriptions, en oubliant un peu vite que lui-même ne les subira pas. Il ne s'en rend véritablement compte que le jour où il passe par les mêmes affres, lorsqu'il devient patient à son tour. Tout compte alors pour le patient : la qualité de l'écoute, la volonté ou le talent d'explication, le degré d'empathie, la confirmation du diagnostic évoqué initialement par le médecin, la « taille » de l'ordonnance (ni trop longue, ni trop courte), l'efficacité apparente du traitement, l'histoire de la relation entre le patient et son médecin, la réputation du médecin, la justesse de ses honoraires, les informations glanées sur le web, etc.

# LE SUIVI THÉRAPEUTIQUE SELON LA MACHINE

Éliminons tout de suite Google qui n'est en rien une solution d'intelligence artificielle, mais le simple haut-parleur de tout ce qui traîne sur le web, pollué par les mises en avant publicitaires et la façon dont les *spiders* [1] répertorient les contenus. Malgré tous ses efforts, et s'il se fonde seulement sur son moteur de recherche, on peut penser que Google ne sera jamais intelligent, car il ne fait que répercuter le bruit, même si des mines d'informations pertinentes se trouvent au sein de ce bruit.

## Docteur Google

**On ne peut pas faire l'impasse sur le phénomène qui amène les patients à consulter Google, avant, après… et parfois pendant la consultation du médecin. On est au centre d'un conflit entre la « connaissance générale » apportée par Internet et la « connaissance spécifique » apportée par le médecin, lequel a parfois bien du mal à faire comprendre à son patient que la compréhension qu'il a de son état provient du fait qu'il le prend en compte à la fois dans sa globalité et dans sa spécificité.**

**Il ne peut en être autrement, puisque Google véhicule des informations liées soit à des publications sur la médecine en général, soit à des témoignages spécifiques de patients sur les forums ou les réseaux sociaux. Les deux ont une valeur du point de vue de la généralité ou de l'individu qui témoigne, mais en aucun cas pour la personne qui lit ces informations pour son propre compte. Cette distorsion est à l'origine de bien des errances et défauts d'observance qui perturbent le suivi thérapeutique.**

L'intelligence artificielle, en l'occurrence, doit partir des protocoles médicaux établis par le corps médical. Ce sont des algorithmes simples qui

1. Programmes informatiques automatisés qui vont régulièrement répertorier et indexer le contenu de tous les sites internet dans le monde.

existent déjà et qu'il suffit de reporter dans des programmes du type Watson ou Intersystems (*machine learning*) ou des systèmes experts d'aide à la décision. Mais ce n'est pas suffisant : car si le médecin est l'émetteur, le patient est le récepteur, et le médecin doit être sûr de l'information reçue par le patient.

D'où l'idée simple qui consiste à recueillir de façon « intelligente » la parole du patient sur les traitements qu'il reçoit, que des solutions comme PatientsLikeMe récupèrent au quotidien, patient après patient. De la même façon, permettre au patient de transmettre de façon transparente les retours sur les traitements qu'il reçoit fournirait des *smart data*, donc des données qualifiées, bien plus valables que les *big data* selon Google.

La machine peut aussi évaluer l'observance du patient. Il suffit de poser à toute la chaîne autour de ce dernier (donc lui-même, les aidants, le médecin, le pharmacien, l'infirmière, le kiné, etc.) des questions sur les composantes de son observance et de connaître quelles solutions il accepterait pour améliorer celle-ci : appel d'une infirmière au moment de la prise de médicaments, pilulier électronique, complément d'information sur sa maladie, incitations personnalisées selon la pathologie traitée, etc.

Mais pour tout le reste – les diverses négociations, le soutien psychologique, la réassurance, l'empathie qui accompagne tout suivi thérapeutique –, la machine n'est absolument pas dans la course.

# Bilan des courses

Dans dix ans, l'intelligence artificielle sera capable de faire aussi bien sinon mieux que le médecin dans différents domaines : l'analyse de la plainte du patient, l'enquête sur l'histoire de la maladie (anamnèse), l'examen clinique, l'interprétation des examens complémentaires, l'établissement du diagnostic et le suivi thérapeutique.

Mais la machine ne pourra jamais remplacer le médecin dans tous les aspects de négociation de la plainte, du diagnostic et de la guérison. Car il s'agit de décortiquer non seulement ce que nous renvoie notre machine corporelle, mais aussi tout ce qui fait la spécificité de l'espèce humaine – son esprit, son intelligence... et tout ce qui nous dépasse.

L'intelligence artificielle est encore trop jeune pour qu'on puisse aveuglément lui faire confiance. C'est l'absence d'accidents qui fait que l'on ne se pose plus de questions sur les rames de métro automatisées. Il faudra encore du temps – et des balbutiements – avant que l'on fasse confiance à la voiture autonome. La confiance en la machine vient peu à peu, mais il faudra un quasi-sans-faute pour que le patient confie aveuglément son destin aux mains d'une intelligence artificielle.

# La médecine numérique

# Le monde 3.0 : état des lieux

Il y a une vingtaine d'années qu'Internet a fait irruption dans nos vies. La médecine et la relation médecin-patient ne lui ont pas échappé. Peu avant les années 2000, médecins comme patients pouvaient se connecter sur des sites où ils recevaient simplement de l'information sans pouvoir en fournir. C'était le monde 1.0. Puis sont venus les *chats* et les échanges d'informations entre les internautes (ce qu'on appelait le *peer-to-peer*). Dans le domaine de la santé, les forums démocratisés par des sites comme Doctissimo nous ont fait accéder au monde 2.0. Mais rapidement est advenu le monde 3.0 : on se connecte à une application, on échange des informations avec elle, et elle nous fournit un avis, des conseils, des services, des produits, etc. C'est le monde d'aujourd'hui.

Pour prendre un exemple de la vie quotidienne, une application de navigation GPS comme Waze nous indique en temps réel le meilleur chemin pour aller en voiture d'un point à un autre en évitant au maximum les embouteillages. Cela est rendu possible parce que Waze repère toutes les adresses IP des smartphones et vérifie en temps réel leurs déplacements : leur immobilité ou leur ralentissement indique un bouchon. À cela s'ajoutent les informations que les utilisateurs de Waze fournissent spontanément (accidents, voitures de police, travaux, etc.). Il existe donc une double relation de confiance entre la machine et les utilisateurs de Waze. Cet échange collaboratif est la caractéristique majeure du monde 3.0 dans lequel nous vivons.

La relation médecin-patient est directement touchée par ces échanges : le patient se présente à la consultation le plus souvent avec un diagnostic fait sur Internet, ce qui rend la tâche du médecin plus difficile car celui-ci doit imposer son point de vue face à la machine, même s'il est du même avis qu'elle. Le patient est devenu expert puisque, grâce aux communautés de patients, aux sites d'information et aux applications grand public de santé, sa connaissance peut, dans un domaine précis qui est celui de sa pathologie, être plus ample que celui du médecin.

Mais le monde 3.0 est aussi un allié pour le médecin car, grâce aux objets connectés, le patient peut surveiller un certain nombre de constantes (pouls, glycémie, tension, etc.) qui, connectées à une application, vont lui fournir des avis qu'il pourra partager avec son médecin. Un nombre grandissant de pathologies chroniques peut ainsi être suivi à distance en temps réel.

Ce socle de la médecine 3.0 (la triangulation patient-professionnel de santé-machines connectées) repose essentiellement sur quatre piliers :

- les objets connectés ;
- l'intelligence artificielle appliquée ;
- les matériaux intelligents ;
- les sciences biologiques.

Le ciment qui les soude est, bien évidemment, l'informatique.

## LES OBJETS CONNECTÉS

Ce sont eux qui sont les plus proches de nous au quotidien. Les *trackers* d'activité, qui permettent de mesurer notre nombre de pas journaliers ou de suivre nos pulsations cardiaques quand nous courons, ont envahi le marché dès les années 2005. Ce *quantified self* a rapidement glissé vers le monde de la santé. On peut ainsi suivre le pouls, la température, la saturation en oxygène du sang, le souffle (*peak-flow*), la glycémie (y compris en temps réel, avec des patchs munis de micro-aiguilles plantées dans la peau), la tension artérielle, le poids, l'électrocardiogramme. Le tout est parfois regroupé sur une application : c'est le cas de Bewell Check-up®, qui possède en outre le système expert MedVir destiné à interpréter les résultats en fonction des symptômes ressentis.

Dans le domaine de la domotique, les capteurs sont également très utiles pour la surveillance des personnes âgées ou médicalement dépendantes : capteurs de chute et de mouvement, détecteurs de présence, ouverture et fermeture de portes, détection de pression sur le lit ou le fauteuil. L'ensemble de ces données, captées en temps réel, peut être interprété par des systèmes experts. Ces techniques sont encore peu répandues mais on sait, notamment à cause du vieillissement de la population et du souhait des personnes âgées de rester à leur domicile, que la demande ne fera qu'augmenter.

Grâce aux avancées technologiques, notamment sur les matériaux, les capteurs deviennent de plus en plus spécialisés et performants. En Chine, on compte ainsi 176 millions de caméras de sécurité publiques et privées avec reconnaissance faciale. Ce nombre devrait passer à 450 millions d'ici à 2020, soit près d'une caméra pour trois habitants. La reconnaissance faciale par les algorithmes de *deep learning* permet une mise sous haute surveillance de la population. Elle est censée réduire la criminalité et obliger à un comportement citoyen, sous peine de sanctions financières ou d'interdits. On devine immédiatement les conséquences éthiques de telles mesures.

*Le 3 mai 2019, à 11 h 01 min et 16 s, au croisement de la rue du Lac-de-l'Ouest et de l'avenue du Peuple, à Suqian, M. Jiang a traversé au feu rouge. Le lendemain, son visage était affiché avec ceux d'autres contrevenants sur de nombreux écrans de la ville. Outre la honte qu'il a pu ressentir, son « crédit social » de 1 000 points a été amputé de 20 points. Pour récupérer ces points, il devra faire une action sociale, par exemple donner son sang. Mais une autre sanction pourrait aussi menacer M. Jiang : se voir interdit de prendre un T.G.V. ou un avion, ou de loger dans un hôtel, s'il est déjà inscrit sur une liste noire en raison de ses comportements non citoyens. L'extension possible de ces mesures à toute la Chine fait froid dans le dos.*

La miniaturisation, la spécialisation des données recueillies, ainsi que l'augmentation de l'autonomie des capteurs va permettre d'équiper des lieux entiers. Le *smart home* promis par la domotique va faire le lit de la *smart city*, qui risque ainsi de devenir un espion tentaculaire. On voit bien la relation étroite qui existe entre la progression des matériaux et l'Internet des objets connectés.

La recherche fondamentale qui travaille sur les matériaux est en passe de se rapprocher de la recherche biologique. Une cellule dont on détourne l'action peut se comporter comme un transistor, un tissu comme un circuit imprimé. L'idée de capteurs biologiques n'est pas seulement une vue de l'esprit. On peut penser que, dans vingt ans, cette technologie aura révolutionné la médecine : du fait de ses caractéristiques biologiques, elle pourra permettre de diagnostiquer un cancer de façon précoce et non invasive, mais aussi de le guérir en ciblant spécifiquement les cellules cancéreuses. De plus, les capteurs biologiques pourront participer à la création d'organes artificiels du corps du patient. Les ordinateurs ne seront plus tels que nous les connaissons encore, mais ils seront implantés dans notre organisme.

L'idée a été lancée par Leonard Adleman, chercheur américain en informatique théorique, professeur en informatique et en biologie moléculaire à l'université de Californie du Sud. Elle consiste à utiliser des composants biologiques et non pas informatiques. Le principe est simple : l'ADN du noyau de la cellule, l'ARN – qui transmet cette information aux ribosomes[1] – et les protéines sont des vecteurs d'information qui permettent à nos organes de fonctionner et de communiquer entre eux. On peut donc stocker de l'information dans l'ADN, mais également faire des calculs – exactement comme le font nos gènes. On a pu ainsi stocker un livre de 300 pages équivalent à 5 millions de bits dans un ADN artificiel. De la même façon, un transistor biologique appelé « transcriptor » a été créé par une équipe de bio-ingénieurs de Stanford. Les molécules organiques ouvrent et ferment des portes logiques exactement comme un transistor électronique.

Véritable écosystème en soi, l'ensemble des capteurs connectés porte le nom de IoT (*Internet of Things*), c'est-à-dire, littéralement, « Internet des objets ». Tous ces objets interconnectés vont pouvoir transmettre des données à faible débit en temps réel, données qui seront rapprochées et interprétées par des algorithmes. Cette collaboration intelligence artificielle, IoT, nouveaux matériaux et biologie artificielle nous conduira inéluctablement, dans une vingtaine d'années, vers le monde 4.0 – dont nous parlerons plus loin.

1. Les ribosomes sont de petites structures du cytoplasme de la cellule chargées de « tricoter » des chaînes de protéines.

# L'INTELLIGENCE ARTIFICIELLE APPLIQUÉE

Le *deep learning* pourra puiser dans des masses importantes de données, les *big data*, mais ce sont surtout les systèmes experts qui pourront les qualifier en *smart data* (données intelligentes). Celles-ci peuvent être environnementales, comme on l'a vu pour les capteurs en domotique, mais également humaines (les symptômes, les comportements, les données d'examen physique ou d'examens complémentaires). L'ensemble de ces données, repérées dans le temps et géolocalisées, permettront de faire de l'épidémiologie au sens large, c'est-à-dire de générer une connaissance approfondie de tout ce qui se passe en matière de santé sur un territoire.

C'est également l'intelligence artificielle qui va pouvoir guider des robots chirurgiens ou des nanotechnologies embarquées capables d'explorer le corps. Cela se comprend aisément, puisque l'intelligence artificielle est essentiellement procédurale[1] (elle applique des programmes). Elle n'est toutefois pas en mesure de mener un raisonnement prospectif fondé sur l'imagination, mais plutôt sur une recherche aléatoire. C'est ce qui se passe avec l'aventure fascinante des robots curieux. Les programmes d'acquisition permettent à ces robots d'apprendre des tâches et de les réaliser au moins aussi bien que les humains. Cette intelligence artificielle procédurale pilotera de façon très efficace les robots chirurgiens.

L'expérience est simple : on place deux robots similaires dans deux enclos distincts mais strictement identiques, séparés par une porte pouvant s'ouvrir dans les deux sens et munie d'une poignée d'ouverture. Chaque robot possède trois pieds pour se déplacer, une pince pour saisir des objets et une caméra pour voir. Ces robots ne savent rien de l'endroit où ils se trouvent. Par contre, ils doivent être curieux, c'est-à-dire explorer leur enclos. N'ayant aucun élément de programmation initial, chacun va explorer son enclos au hasard. Vient un moment où l'un d'entre eux remarque une différence dans le mur mitoyen. Sa curiosité l'incite à explorer et, à force d'essais, il finit par tourner la poignée. La porte s'ouvre et l'autre robot constate que quelque chose a changé ; puisque la porte s'est ouverte, les deux robots vont se

1. En informatique, une procédure est une succession de tâches à réaliser par un opérateur qui les exécute sans pour autant les comprendre et juger de leur portée.

trouver face à face. Mais comme ils n'ont aucune conscience d'eux-mêmes, donc de leur similitude avec l'autre, ils vont s'explorer réciproquement. Si on les remet dans leur enclos après avoir fermé la porte, ils vont s'en souvenir et celui qui sera parvenu le premier à ouvrir la porte ira spontanément vers elle. Il y a donc bien eu acquisition d'une expérience et d'un savoir grâce à la curiosité.

Mais l'intelligence artificielle n'est pas seulement un complément de l'intelligence humaine : elle est aussi un outil qui permet de construire d'autres outils, notamment dans des domaines non médicaux pour équiper des machines médicales.

## LES MATÉRIAUX INTELLIGENTS

Les nouveaux matériaux, en particulier ceux issus des nanotechnologies, aident à la fois à améliorer des machines et à toucher des domaines jusque-là impossibles à atteindre auparavant. Et l'intelligence artificielle aide à la conception de ces produits. Les progrès dans le domaine des matériaux intelligents ont été fulgurants et touchent des technologies multiples.

En médecine, les robots font de plus en plus partie de l'univers des chirurgiens et des explorations fonctionnelles, notamment pour le guidage, mais aussi pour ajouter une couche d'image de synthèse – ce que l'on appelle la « réalité augmentée ». Ainsi le chirurgien est-il aidé à mieux discerner les éléments anatomiques, ses tremblements et imprécisions sont corrigés par le robot – on peut même commencer à parler de co-manipulation, d'où leur nom : *cobots*. Aux États-Unis, 60 % des opérations de la prostate sont effectuées par le robot Da Vinci ; Rosa est un robot qui permet de faire des interventions du crâne peu invasives ; Sensei est utilisé pour détruire les fibres de conductions responsables de certains troubles du rythme cardiaque ; le Cyberknife repère l'emplacement d'une tumeur et la cible en continu pendant l'intervention. Il n'y a théoriquement pas de limite technique, la précision des moteurs étant au moins égale à l'habileté manuelle des opérateurs. On peut raisonnablement penser que, dans vingt ans, des robots de ce type pourront opérer sans fatigue et en toute fiabilité, sous le contrôle de chirurgiens, pour quasiment tous les types d'intervention.

Le secteur des imprimantes biologiques est tout aussi étonnant. On sait déjà construire des maisons en béton avec des imprimantes 3D et on est en mesure, selon le même principe, de fabriquer de la peau humaine. Avec les cellules spécifiques de la peau – les fibroblastes et les kératinocytes – obtenues par culture de cellules et empilées en couches réunies par un plasma, l'imprimante commence par fabriquer une couche de kératine qui va constituer l'épiderme, puis du derme. Les fibroblastes vont naturellement fabriquer de l'élastine et du collagène, les protéines constitutives du tissu conjonctif du derme, puisqu'ils sont génétiquement conditionnés pour ça. Cette prouesse technologique reste encore marginale, mais on peut raisonnablement espérer une fabrication industrielle d'ici à quelques années, ce qui fera avancer la réflexion sur la synthèse d'organes plus complexes comme le pancréas endocrine ou le rein. Ces imprimantes biologiques, en utilisant les cellules du patient, éviteront les problèmes de rejet observés après les greffes. Nous sommes certes encore loin du cœur artificiel fonctionnel en dimension réelle, imprimé en 3D avec les propres cellules du patient, mais il n'y a pas d'obstacle théorique à une telle prouesse.

Les nanotechnologies permettent de créer des matériaux intelligents ou des capteurs microscopiques de la taille de quelques millièmes de microns, dont les applications sont multiples. Par exemple, l'imagerie médicale par injection repose actuellement sur le suivi radiologique du produit de contraste qui peut être de l'iode, des fluorures organiques ou des isotopes radioactifs. Désormais, on sait que les nanoparticules seront mieux tolérées par l'organisme et pourront améliorer la finesse des images. L'IRM pourra ainsi bénéficier de l'injection de nanoparticules de fer qui se fixeront sur les globules rouges du patient et permettront de dessiner le contour des vaisseaux avec la même précision, la toxicité en moins puisque le fer est un constituant normal de l'organisme. On peut aussi envisager des nanoparticules photolumineuses qui deviennent luminescentes au contact de protéines spécifiques (les tumeurs, par exemple). L'adjonction d'un produit thérapeutique pourrait faire commencer le traitement au moment de l'exploration.

Véritables laboratoires microscopiques capables de réaliser des mesures et des analyses, les puces à ADN ou *microarrays* sont utilisées pour identifier des micro-organismes (bactéries ou virus). Et les *lab-on-chip* (laboratoires sur puce) permettront de réaliser des analyses multiples à partir d'une simple goutte de sang. La liste de ce qui peut être inventé est infinie.

# LES SCIENCES BIOLOGIQUES

Elles ont un rapport direct et même ancestral avec la médecine. Il est impossible de les citer toutes ici. Toutefois, certains pans de la recherche fondamentale en biologie ont un impact direct sur la médecine 3.0.

Le premier champ de recherches est la génomique, c'est-à-dire tout ce qui concerne la connaissance du génome humain, dont on connaît la structure totale depuis 2007 grâce à la bio-informatique et à des programmes d'intelligence artificielle. L'isolation des gènes et la compréhension de leur fonctionnement permettent de faire le lien entre les programmes contenus dans l'ADN et les protéines que ces programmes fabriquent sous le contrôle des gènes. Cette cartographie conduit à identifier de nouveaux gènes pour étudier leur fonction, leur expression et leur contrôle. C'est ainsi que l'on peut programmer des puces à ADN.

L'étape suivante est le génie génétique, qui consiste à intervenir sur les gènes pour en modifier la structure et donc l'expression, ce qui permettrait de guérir définitivement des maladies génétiques actuellement incurables. La mise au point récente des « ciseaux à ADN » permet de modifier des zones entières de l'ADN et d'améliorer le fonctionnement des gènes. On peut également utiliser des virus dont on a manipulé l'ADN en y introduisant des gènes particuliers. En infectant les cellules que ces virus attaquent naturellement, ils vont introduire dans l'ADN de ces cellules les gènes qu'on a préalablement isolés. C'est la technique du cheval de Troie.

On peut de la même façon introduire un gène humain dans des bactéries et détourner celles-ci pour qu'elles fabriquent une protéine particulière (par exemple, une hormone). Cette manipulation est porteuse d'espoirs, mais elle comporte également le risque de dérives vers l'eugénisme, comme cela s'est produit avec les OGM[1]. Ces techniques, qui seraient impossibles sans la bio-informatique et l'intelligence artificielle, mettent le doigt sur les problématiques d'éthique scientifique et médicale. La connaissance de la cellule et de son fonctionnement est un champ de recherches en constante évolution. Notre compréhension des mécanismes intimes des cellules ouvre la voie à l'« industrialisation du vivant » – mais des barrières éthiques, sujet sur lequel nous reviendrons plus loin, commencent à se dresser.

1. Organismes génétiquement modifiés.

Les médiateurs chimiques sont également un domaine en pleine exploration, en particulier les neuromédiateurs au sein des neurones, qui gèrent la transmission des informations et des influx nerveux. Certains, comme l'histamine, la sérotonine ou l'adrénaline, sont désormais connus même des non-spécialistes, en particulier du fait de leur rôle dans la gestion des émotions et de l'humeur. Ce pan de la biologie ouvre vers la neuropsychiatrie et les traitements par les modificateurs du comportement.

On pourrait multiplier les exemples dans le domaine de la biologie moléculaire et de la génétique. Le but de ces recherches est double : d'une part, pouvoir faire de la médecine prédictive (évaluer les risques présentés par une personne en raison de son patrimoine génétique), qui est le Graal de la prévention ; d'autre part, pouvoir envisager des médicaments personnalisés en fonction du génome de la personne. Ces deux voies sont bien sûr de résolution très lointaine, mais des avancées sont prévisibles d'ici environ cinq ans. Dans ces domaines, l'intelligence artificielle jouera un rôle prépondérant, car on ne pourra prévoir des risques au sein des populations que grâce à des masses considérables de données. Leur gestion est inenvisageable sans *deep learning*, ce qui soulève la question de la propriété des données de santé – sur laquelle nous reviendrons plus loin.

Cette médecine 3.0, dont je n'ai extrait que quelques aspects tant elle est foisonnante, n'est possible que par l'interaction entre la recherche fondamentale (notamment sur les biomatériaux et sur la biologie), les capteurs (dont la sophistication progressive et le glissement vers des capteurs biologiques vont bouleverser le monde des IoT) et les différents systèmes d'intelligence artificielle (systèmes experts, *deep learning*, *machine learning*, etc.). On mesure alors à quel point ce champ de l'intelligence artificielle est davantage un outil dans le domaine de la recherche de la connaissance qu'une véritable intelligence.

## LA MÉDECINE 4.0

Concept récent, le monde 4.0 se distingue du 3.0 par le fait suivant : les IoT, connectés à des applications et gérés par de l'intelligence artificielle, seront en mesure de dialoguer entre eux et de choisir les meilleures solutions. Ce libre arbitre des machines, c'est le monde 4.0, dont nous sentons confusément que l'être humain pourrait être exclu… pour son propre bien, car les machines en auront décidé ainsi.

Prenons une image parlante. Le frigo 1.0, c'est celui que nous utilisons depuis une centaine d'années : on l'ouvre, on voit qu'il n'y a plus de carottes et on va en acheter. Le frigo 2.0, pour sa part, sait qu'il ne contient plus de carottes et vous demande d'aller en acheter. Le frigo 3.0 est connecté, il sait que vous allez manquer de carottes et, comme il possède votre numéro de carte bancaire et qu'il connaît votre emploi du temps, il commande les carottes par Internet : vous n'avez plus qu'à ouvrir au livreur. Et le frigo 4.0 ? C'est un frigo connecté avec tous les frigos 4.0 dont les propriétaires vont manquer de carottes et qui sont repérés par géolocalisation. Ces frigos vont négocier par Internet des livraisons mutualisées de carottes pour les obtenir au meilleur prix. Au Japon, les frigos 3.0 existent depuis plusieurs années. Le 4.0, c'est pour demain.

En pratique et appliqué à la médecine, le monde 4.0 fonctionne sur un principe de libre circulation des données, de leur analyse par l'intelligence artificielle et de l'application automatisée de protocoles effectués par les machines en toute autonomie. On pense que c'est de la science-fiction, mais on peut en voir les prémices dans la robotique médicale, où le robot prend des initiatives ou corrige des gestes du chirurgien.

Se pose alors la question de l'autorité que les êtres humains confieront aux machines. Patients et médecins, acteurs directs de la relation médecin-patient, resteront *a priori* maîtres de leurs décisions et de leurs comportements. En revanche, si les pouvoirs publics – au nom de la gouvernance – et l'assureur – au nom de l'économie – délèguent à la machine un certain pouvoir de décision, on a du souci à se faire !

En Allemagne et en Italie, certaines compagnies d'assurances diminuent les cotisations de leurs adhérents quand ceux-ci améliorent leur état de santé ou passent par des programmes de coaching pour réduire leurs risques sanitaires. Rien n'empêche de penser qu'un patient qui n'aurait pas respecté ces injonctions pourrait cesser d'être pris en charge pour une pathologie directement liée à la non-modification de ses comportements. Confiée à une IA et grâce à un simple historique des données des capteurs, la machine pourra répertorier les données et faire le tri entre les bons et les mauvais cotisants. Ce tri pourra se faire en l'absence de toute action ou réflexion humaine, de la même façon que l'ordinateur de votre banque bloque vos prélèvements en cas de dépassement du découvert autorisé.

Selon le processus, l'interconnexion des capteurs et la manipulation des données par des ordinateurs hyperpuissants peuvent faire accéder l'intelligence artificielle à des niveaux de décision aussi fiables, sinon plus, que l'intelligence humaine : récolte de données, analyse, comparatif avec les protocoles, décision.

Dans le même ordre d'idée, une médecine prédictive mettant en rapport les gènes de chaque individu, ses susceptibilités personnelles et les risques potentiels qu'il encourt, peut conduire sinon à des dérives, du moins à des problématiques éthiques importantes.

> *Angelina Jolie a découvert qu'elle était porteuse du gène BrCA2, qui augmentait de façon considérable son risque de cancer du sein, ce qui l'a amenée à opter pour une mastectomie totale bilatérale. C'était sa décision personnelle. Mais qu'adviendrait-il si l'intelligence artificielle, suivant un raisonnement identique, propose la même intervention à une patiente, qui la refuse ? On peut craindre que, dans un monde 4.0, les machines décident de ne pas prendre en charge le cancer du sein de cette patiente le jour où il surviendra.*

Ce type de question ne se pose pas encore en raison de la masse de données considérable qu'il faudrait manipuler sur l'ensemble de la planète. De même, la puissance de calcul des machines et, surtout, la non-mise en parallèle des diverses formes d'intelligence (calcul, émotion, imagination) font encore obstacle à une intelligence artificielle forte – c'est-à-dire auto-apprenante, capable de compréhension, imaginative et consciente d'elle-même. On en est loin, mais on peut craindre que, dans une vingtaine d'années, le plafond de verre qui sépare l'être humain conscient d'une machine possédant une certaine forme de conscience s'efface et amène alors à reconsidérer la question. Cette « pseudo-conscience », que j'appelle la « conscience Canada dry » en référence avec cette publicité comparant de loin ce soda avec de l'alcool, peut devenir un risque si on la dote d'une crédibilité, donc d'un pouvoir, comme Sophia, ce robot devenu citoyen d'Arabie saoudite. La médecine 4.0 pourrait alors envahir nos vies et bouleverser la relation médecin-patient et notre façon d'exercer la médecine. Est-ce pour le bien de l'humanité ?

On mesure bien, au terme de ce bref tour d'horizon, le danger qu'il y a à franchir les barrières éthiques, ainsi que l'appelle de ses vœux le transhumanisme[1]. La prédiction de Stephan Hawkins selon laquelle l'intelligence artificielle pourrait entraîner l'extinction de l'humanité ne serait alors plus une provocation, mais une réelle possibilité.

1. Mouvement de pensée apparu dans les années 1990 et militant pour un usage des sciences et techniques visant l'amélioration de la condition humaine grâce à l'augmentation de ses capacités physiques et mentales.

# Les différents types d'intelligence artificielle : état des lieux

Les machines disposent de diverses techniques d'intelligence artificielle pour tenter de simuler l'intelligence humaine. Voici un tour d'horizon des différents types existant actuellement.

## LES ARBRES DE DÉCISION

Le principe est assez simple : on imagine un arbre dont le tronc serait un symptôme, par exemple un mal de tête. La machine va poser des questions auxquelles le patient va répondre par oui ou par non. À force de questions, la montée dans les branches va aboutir (ou non) à un diagnostic. Ce système fonctionne très bien pour des diagnostics très spécialisés lors des examens biologiques, notamment en hématologie (diagnostiquer des leucémies, des anémies, des polyglobulies, etc.), mais nettement moins bien pour la médecine courante. En 2000, le NHS Direct[1] a mis au point un arbre décisionnaire pour trier les patients. Ce système a été abandonné depuis.

1. National Health Service, c'est-à-dire le système de santé public au Royaume-Uni.

# LES MOTEURS D'INFÉRENCE

Mis au point en 1972, le premier système de ce type s'appelait « MyCin » et consistait à déterminer les bactéries responsables d'infections en fonction des symptômes qu'elles déclenchaient. En clair, il s'agissait d'identifier la probabilité qu'une personne soit infectée par le bacille de Koch, responsable de la tuberculose, si elle a maigri, est fatiguée, a perdu du poids et crache du sang. On peut le déterminer par des raisonnements logiques qui sont contraints par des règles et qui exploitent des faits.

*Le raisonnement est celui que tous les êtres humains font depuis leur tendre enfance. Prenons la règle suivante : l'eau bouillante brûle et ça fait mal. Prenons maintenant le fait suivant : cette casserole est remplie d'eau bouillante. En conclusion, je ne vais pas mettre la main dedans. À partir de cet exemple simple, on peut multiplier les règles et les faits à l'infini, pourvu qu'ils restent tous cohérents. Ce raisonnement, c'est l'entité même de la logique, et ça s'appelle un « algorithme ». Nous faisons donc appel à des raisonnements algorithmiques depuis notre plus tendre enfance. Et les animaux aussi.*

Ces systèmes experts peuvent expliquer tout leur raisonnement, car ils possèdent une « base de connaissance » (sorte de fourre-tout de règles cohérentes) et un « moteur de règles », qui va utiliser la base de connaissance pour répondre à une question précise. Le moteur d'inférence est la capacité d'explorer les règles qui ont amené à cette conclusion. C'est ce qu'on appelle le « chaînage arrière » : je n'ai pas mis la main dans la casserole d'eau bouillante et je peux expliquer pourquoi. Mais il permet aussi d'explorer d'autres règles qui vont m'amener à d'autres conclusions : je ne vais pas mettre la main dans cette casserole d'azote liquide, parce que je risque d'être brûlé par ce froid intense. La machine n'aura pu anticiper cette conclusion que si on lui a appris, à d'autres endroits de la base de connaissance, que le froid intense peut brûler comme la chaleur intense. On voit que l'infinité des scénarios possibles dans la vie courante rend l'exercice difficile. Il ne s'agit en rien d'une capacité imaginative, mais d'un simple raisonnement logique.

Continuons avec notre exemple. Si la base de connaissance n'avait pas su pas que le froid intense brûle autant que la chaleur intense, j'aurais plongé la main dans l'azote liquide. Par conséquent, ce type de raisonnement logique ne tient qu'autant que la base de connaissance est correctement renseignée. La mise en place de ce type de système expert se heurte donc à la difficulté de recueillir l'« expérience des experts ».

L'autre écueil majeur en médecine est que, s'il manque un fait ou une règle dans la base de connaissance, le système bloque et ne peut aboutir à aucun diagnostic. Il ne peut donc prendre aucune décision. Quand on voit la masse que représentent les connaissances médicales et l'étendue de notre ignorance sur les pathologies, on comprend que ce type de système soit rapidement bloqué.

*En 1980, le projet Cyc s'est lancé dans une aventure audacieuse qui consistait à intégrer 630 000 concepts, 7 millions de faits et règles et 38 000 relations, le tout étant exploitable par des moteurs de règles. L'originalité résidait dans le fait que la base de connaissance serait nourrie par des documents récupérés sur Internet. Des moteurs de règles pouvaient exploiter des règles générées par l'analyse du langage sur le web. Vingt ans plus tard, ce projet n'a pu aboutir à des résultats concrets. Cependant, ce travail n'a pas été vain, car la logique reste la logique et le restera. Sans doute cette technologie sera-t-elle reprise lorsque nos bases de connaissance seront plus étendues et, surtout, mieux structurées.*

## LES RÉSEAUX BAYÉSIENS

En 1761, le mathématicien Thomas Bayes a formulé le théorème qui porte son nom et qui raisonne sur des probabilités. Pour simplifier à la limite de la justesse, la probabilité d'un événement est la somme relative des probabilités partielles qui le constituent. Ce modèle purement mathématique permet de prévoir la probabilité d'événements actuels à partir de l'analyse d'événements passés. Cela fonctionne tant que les événements ne sont pas interdépendants. Appliqués à la médecine, les réseaux bayésiens ont du mal à fonctionner, car on peut être hypertendu, diabétique, atteint d'un cancer du foie et avoir le nez qui coule ! Les réseaux bayésiens risquent d'être rapidement saturés dès que la quantité d'informations est trop élevée. De plus, sans diagnostic, aucune prise de décision n'est possible.

# LES *SYMPTOM CHECKERS*

Ce sont de simples constatations statistiques. On entre les symptômes, la machine ne pose que très peu de questions et elle ressort la liste des diagnostics, du plus fréquent au moins fréquent. Le problème, c'est que, dans cette hiérarchisation, la machine ne prend pas de décision et que sa pertinence diagnostique est faible. Si l'on fournit à la machine une série de symptômes, elle va sortir en premier le diagnostic qui, statistiquement, aura le plus de symptômes en commun avec la situation donnée, puis celui qui en a moins, etc. Au total, on obtient parfois des séries de 200 à 300 diagnostics qui vont, pour une toux par exemple, de la simple grippe au cancer du poumon !

Ce type d'intelligence artificielle est donc incapable de faire ce qui est l'un des raisonnements les plus importants en médecine, le « diagnostic différentiel ». Le médecin, parce qu'il raisonne, va poser des questions pour pouvoir écarter certains diagnostics et en privilégier d'autres, ce qui aboutira à un nombre limité de diagnostics (cinq ou six). Il est par ailleurs facile de piéger la machine en lui donnant des symptômes étrangers au groupe de symptômes de départ. Par exemple, « toux + fièvre + mal à la gorge » va orienter le diagnostic vers des pathologies pulmonaires ou ORL, mais si l'on ajoute « mal au pied + perte de cheveux », la machine va ajouter dans sa liste des pathologies traumatiques ou dermatologiques totalement étrangères à la situation. La machine ne comprenant rien à ce qu'elle fait n'a pas de pouvoir discriminant et affiche généralement des résultats inutilisables pour prendre une décision.

# LE *MACHINE LEARNING*

C'est ce que l'on appelle aussi l'« apprentissage automatique ». Le principe est d'amener la machine à apprendre à partir de données, sans pour autant la programmer et en utilisant des méthodes statistiques. C'est un pas vers une certaine autonomie, donc vers une certaine forme d'intelligence. Ce type de modèle permet de dégager des tendances – donc de faire des prévisions – et de mettre en évidence des corrélations entre des données et des événements.

Pour que la machine soit en mesure de reconnaître un élément au sein de nombreux autres éléments, elle doit disposer d'une masse importante de données, les *big data*. Elle doit être capable de les classifier et de rattacher un élément nouveau à telle ou telle classe. Ce travail nécessite les compétences des *data scientists*, des ingénieurs ayant une solide formation mathématique et statistique et qui sont en mesure de trier les données adaptées au problème à résoudre. Cela implique de limiter les données à un domaine précis.

*Le programme IBM Watson a été en mesure de poser un diagnostic d'une forme très rare de leucémie que les médecins ne parvenaient pas à déceler. Pour cela, il a compilé toutes les données qu'il avait apprises en cancérologie et il est parvenu à retrouver ce diagnostic au milieu de la masse de littérature accumulée. Cette performance remarquable n'a été possible que parce que l'information existait quelque part et que Watson a su la retrouver dans sa base de connaissance en cancérologie. Par contre, comme il ne possède aucune notion de cardiologie, il aurait été incapable de diagnostiquer un simple infarctus du myocarde.*

En médecine, le *machine learning* permet de déterminer les risques de voir se développer chez une personne une maladie de longue durée (diabète, hypertension, cancer...). C'est également grâce à ce procédé que l'on peut reconnaître des images, donc automatiser des diagnostics radiologiques, par exemple. Pour cela, la machine utilise des données existantes entrées manuellement et qualifiées par les médecins. Cet apprentissage nécessite forcément une collaboration étroite entre l'homme et la machine, car celle-ci n'a aucun esprit critique sur la qualité des données.

### Focus

**Si l'on apprend à une machine à reconnaître des images de chats, elle parviendra, au bout d'un nombre important d'images de chats, à reconnaître des chats qu'elle n'a jamais vus auparavant. Mais si on lui montre des images de chats en lui apprenant qu'il s'agit d'un chien, elle soutiendra mordicus qu'il s'agit de chiens quand on lui montrera des images de chats. Elle n'a aucun esprit critique et ne**

**fait que reproduire une procédure de reconnaissance. On voit bien ce qui la sépare d'un très jeune enfant, qui sera capable de faire la différence entre un chat et un chien au bout d'un nombre très réduit de présentations. L'enfant est un être intelligent, la machine ne l'est pas.**

Mais les avancées dans ce domaine sont très rapides : avec les réseaux de neurones convolutifs[1], la machine est désormais capable de transférer dans un réseau distinct ce qui a été appris dans un premier réseau. Ainsi, un réseau qui a appris à reconnaître les chats pourra initier un réseau qui commencera par reconnaître des chiens puis, de proche en proche, pourra reconnaître tous les animaux.

On pourrait penser que cette capacité discriminative est une véritable intelligence. Cependant, bien que discriminante, la machine ne comprend toujours pas ce qu'est un animal, *même si elle le sait*. On voit bien la limite qui existe entre le savoir et la compréhension. Ce type d'intelligence artificielle fait de la corrélation statistique et, grâce à une masse énorme de données et à sa puissance de calcul, elle est en mesure de mettre en relation des événements disjoints. Mais elle n'est pas capable d'en comprendre le sens, ce qui peut aboutir à des « corrélations accidentelles », autrement dit à la mise en relation d'éléments qui ont du sens statistiquement, mais qui n'en ont pas logiquement, puisqu'on ne dispose pas de toutes les données. Ce n'est donc pas de l'intelligence artificielle, mais ce qu'on pourrait appeler de la « connaissance artificielle ».

Une machine pourra ainsi mettre en relation le mouvement des nuages et l'agitation des feuilles des arbres. Pourquoi ? Parce que, statistiquement, elle aura mis en relation le fait que, lorsque les nuages bougent, les feuilles s'agitent et inversement. En revanche, elle ne pourra pas donner un sens à cette corrélation. Tout au plus pourra-t-elle avancer que ce sont les nuages qui font bouger les feuilles ou *vice versa*. Si l'on n'a pas donné à la machine la notion que le vent existe, elle sera incapable de l'imaginer.

1. Les neurones convolutifs s'inspirent de la façon dont sont organisées les zones visuelles du cerveau : il existe un chevauchement des zones perçues par des groupes de cellules de la rétine, et c'est la reconstitution de ces zones de chevauchement par la machine qui permet une meilleure reconnaissance de l'image.

# LA LOGIQUE FLOUE

J'ai une inclination naturelle positive vers ce type de technique, car c'est celle qu'a retrouvée MedVir sans le savoir. Le terme *fuzzy logic* (plus marketing que « logique floue ») a été inventé en 1965 par l'Américain Lofti Zadeh. Les informations reçues ne sont ni vraies ni fausses, elles sont probablement vraies ou probablement fausses. Cette incertitude est très en prise avec la vie courante – par exemple, la gestion des boîtes de vitesses automatiques, la gestion des feux de circulation, la reconnaissance de la parole et de l'image.

Appliqué à la médecine, cela veut dire que toute situation est recevable et entre, à des degrés divers, dans le diagnostic et la décision. On sera toujours en mesure de prendre une décision, même si l'on n'a pas de certitude diagnostique, puisqu'un diagnostic est un continuum entre le très peu vraisemblable, le moyennement vraisemblable et le quasi certain. Pour y parvenir, on part des diagnostics que l'on veut établir, et on donne à chaque symptôme le poids qu'il représente au sein du diagnostic. Une fois un ensemble suffisant de diagnostics constitué et représentant 80 % de ce que l'on voit en médecine d'urgence, il ne reste plus qu'à interroger cette base selon des règles précises, qui sont les principes de raisonnement d'un médecin. Ce sont ces principes de raisonnement qui vont permettre d'envisager des probabilités pour chaque diagnostic et surtout d'évaluer la gravité de la situation.

*En 2005, après avoir essayé les diverses solutions exposées précédemment pour résoudre la problématique du diagnostic et de la décision en médecine d'urgence, j'en parle à mon ami Michel Bocquet, médecin urgentiste, et je lui demande comment il se fait que tous les urgentistes du monde se comprennent sur les patients alors qu'ils sont issus de cultures et d'horizons différents. Il me répond que c'est parce que nous raisonnons comme des maquignons. Un maquignon, m'explique-t-il, est un expert qui connaît les chevaux et, même s'il ne peut pas dire précisément de quelle race il s'agit, il est capable, en voyant passer un cheval, même très rapidement, de dire si c'est un bon ou un mauvais cheval et si, selon le cas, il rentrera à l'écurie ou finira à l'abattoir. Comment fait-il ? Simplement en soupesant par la simple observation des éléments disjoints : le poil, la manière de marcher, la façon de dresser les*

> *oreilles, de remuer la queue, etc. « Eh bien, me dit Michel, nous, c'est pareil avec le patient : on peut se tromper sur le diagnostic, mais pas sur la décision. Et comment on fait ? En soupesant ce qu'on observe. » Le lendemain, je mettais sur papier les premières ontologies qui allaient constituer le fondement de MedVir.*

Le problème, là encore, c'est que la machine non seulement ne comprend rien à ce qu'elle fait, mais qu'elle est incapable d'expliquer par quel mécanisme tel symptôme est le témoin de telle maladie. Il faudrait pour cela utiliser en complément des moteurs d'inférence ou une autre technique, dite des « multi-agents ».

## LES MULTI-AGENTS

Le principe consiste à relier entre eux tous les éléments qui font la complexité d'un monde. Ce système est composé d'un ensemble d'agents (un humain, mais aussi un robot, un objet connecté, un processus de décision, etc.), plongés dans un environnement et qui interagissent selon des relations. Chaque agent a de plus la caractéristique d'être autonome.

Si l'on applique ce modèle au monde de la santé, on voit bien que le patient, qui est l'agent central, est en relation avec d'autres agents humains (le médecin, la Sécurité sociale, son entourage, etc.), mais aussi matériels (objets connectés, machines diverses), tout cela au sein d'un environnement juridique, médical et économique – le système de santé – et dans un pays qui a lui aussi des interactions avec d'autres pays. Pour ajouter de la complexité à ce qui n'en manque déjà pas, chacun de ces agents est autonome et agit selon un comportement qui lui est propre.

De tels systèmes, du fait de leurs interactions réciproques, sont impossibles à modéliser, car la résultante de leurs interactions est sinon infinie, du moins d'un nombre extrêmement élevé. Cette mise en relation permettrait à la machine de comprendre certains comportements du patient (le non-dit, la non-observance, le manque de confiance, etc.) et, de la même façon, certains comportements du médecin (le non-dit, les prescriptions hasardeuses, l'absence d'écoute, etc.). Cette compréhension de la complexité donnerait à la machine les premières règles des comportements humains, donc – à défaut d'une véritable compréhension – un savoir sur les interactions interhumaines où chaque agent, autonome et maître de ses actes, provoque des faits ou des comportements au point de départ peu compréhensibles.

Plusieurs langages spécialisés ont été développés dans cette optique : le *Knowledge Query and Manipulation Language* (KQML) et, plus récemment, le standard FIPA ACL (*Agent Communication Language*). Les recherches dans cette voie sont prometteuses car elles intègrent dans leur raisonnement la complexité du monde et l'immensité des relations entre les agents.

## LES RÉSEAUX DE NEURONES ARTIFICIELS

Leur principe de fonctionnement imite – de façon très simplifiée – celui des neurones réels. Un neurone réel est constitué d'une cellule hérissée de petites antennes chevelues (les dendrites) et prolongée par un long filament (l'axone). Le stimulus nerveux part des dendrites et est acheminé par l'axone soit vers les dendrites d'un autre neurone, soit vers le corps cellulaire d'un autre neurone.

Un neurone artificiel fonctionne selon le même principe : il récupère diverses informations en entrée (comme les dendrites), il traite ces informations en leur attribuant un poids, il les réduit afin que ce poids soit compris entre 0 et 1, et il transmet ce résultat à un autre neurone. Ces neurones artificiels utilisent donc les mathématiques et les chiffres pour gérer et transmettre l'information. De plus, ils sont organisés par couche, les neurones d'une même couche n'étant pas connectés entre eux contrairement aux neurones du cortex.

En fait, les neurones réels sont autrement plus complexes, car ils utilisent comme vecteurs de l'information les médiateurs chimiques (ou neurotransmetteurs, au nombre de huit connus actuellement) et non de simples chiffres comme le 0 et le 1. De plus, la gestion des neurotransmetteurs est effectuée par 6 000 gènes différents situés dans le noyau des neurones et par des cellules gliales (des cellules de soutien) qui participent également à la régulation de la production de neurotransmetteurs. Notre cerveau possède 100 milliards de neurones et trois fois plus de cellules gliales. Le nombre de connexions entre neurones (les synapses) est de 1 million de milliards. Cette complexité et cette richesse de la transmission de l'information rendent nos réseaux neuronaux informatiques bien modestes. En comparaison, le projet Human Brain lancé en 2013 par Google s'essouffle et n'a pu modéliser que 30 000 neurones et 40 millions de synapses, dans un cube de la taille d'un petit dé à jouer (1 $cm^3$). Pour aboutir à l'équivalent d'un cerveau humain, il faudrait 1 000 $m^3$, soit un cube de 10 mètres de côté !

### Focus

**Les réseaux de neurones artificiels sont organisés en classes et en couches. Ainsi, une information va dans un type de neurones appartenant à une classe. Tous les neurones de classes différentes sont organisés en couches, aucune classe ne pouvant communiquer avec une autre classe. Par exemple, si un neurone répertorie l'âge, cela n'a aucune influence sur le sexe. Par contre, la conjonction d'un âge et d'un sexe va informer, dans la couche suivante (la couche cachée), les neurones qui ont classé les maladies (cardiaques, neurologiques, dermatologiques, etc.). Ce réseau neuronal à deux couches va donc permettre de trier les maladies (maladies cardiologiques de l'homme, de la femme et de l'enfant, par exemple).**

La question qui se pose est de savoir comment on ajuste le poids géré par les médiateurs de chacune des synapses, et cela pour chaque neurone du réseau. Ce point essentiel n'est pas encore résolu. Pourtant, c'est grâce à un mécanisme équivalent mais autrement plus performant que notre cerveau transmet l'information d'une couche inférieure à une couche supérieure, ce qui lui permet d'apprendre.

## LE *DEEP LEARNING*

Le *deep learning* est une forme de *machine learning*. C'est donc un apprentissage par la machine, mais un « apprentissage profond », c'est-à-dire un réseau de neurones utilisant plusieurs couches de neurones cachés. Ce type de *machine learning* est plus sophistiqué, car les empilements de couches peuvent être très importants et permettre ainsi le traitement du langage, de la parole, des images et même de l'écriture manuscrite.

Cette intelligence artificielle est en mesure de reconnaître des formes, des sons, des bruits, etc., mais également d'apprendre de façon automatique. Grâce au retour d'expérience, la machine réajuste le poids de chaque information au sein de chaque neurone grâce à ce que l'on appelle une « rétropropagation automatisée ». Ce type d'intelligence artificielle permet de générer des univers artificiels à partir d'images réelles. L'application la plus évidente, en médecine, est l'imagerie médicale.

Cependant, cette machine, comme les autres, ne sait pas raisonner. Elle n'est pas capable de donner du sens à ce qu'elle acquiert et ne permet pas d'entrer dans des processus d'intelligence artificielle générale. Plus que d'« intelligence artificielle », il vaudrait mieux parler ici de « reconnaissance artificielle », car les réseaux neuronaux et le *deep learning* sont encore très loin d'intégrer de la logique et du raisonnement dans leurs capacités de reconnaissance artificielle.

## LES ALGORITHMES GÉNÉTIQUES

Ce sont des algorithmes dits « évolutionnistes » qui utilisent le principe de sélection naturelle (darwinien) et qui l'appliquent à un ensemble de solutions possibles au problème posé.

Les algorithmes génétiques sont mis en œuvre dans certains outils d'informatique décisionnelle ou de *data mining*, par exemple pour rechercher une solution d'optimum à un problème par mutation des attributs (des variables) de la population étudiée. Ils sont directement inspirés de la biologie, en particulier de la génétique. Les principes de sélection naturelle reposent sur diverses notions qui sont le rang (le meilleur individu), l'adaptation (l'individu qui se trouve être le plus adapté à son environnement et qui donc survivra), le tournoi (celui qui gagne une confrontation), la sélection uniforme (sélection totalement aléatoire). Ainsi, comme dans l'évolution des espèces, les populations survivent par bonds successifs dus soit à ces principes de sélection naturelle, soit à des mutations génétiques, soit à des recombinaisons de chromosomes, et le plus souvent par une association variable des trois, ce qui explique la complexité de l'étude de notre évolution.

Appliqué à l'intelligence artificielle, et notamment à l'aide à la décision, ce principe consiste à sélectionner la solution la plus probable parmi l'ensemble des solutions disponibles, ces diverses solutions existant à la suite de ces bonds évolutionnistes successifs. Appliqué à la médecine, on peut donc examiner toutes les personnes ayant été victimes de méningite, par exemple, repérer tous les caractères qui les différencient et, grâce aux statistiques, mettre en évidence ce que les personnes ont en commun. Ce type de démarche permettrait de caractériser de façon calculée un « syndrome méningé » constitué des symptômes les plus évocateurs[1].

## LES SYSTÈMES ANALOGISTES

La pensée analogiste consiste à amalgamer des idées ou des concepts par proximité. L'exemple type est la façon de classer les livres dans une bibliothèque, non par auteur ou par titre, mais par type de sujets, avec une évolution de proche en proche, par analogie. Cette méthode est très utile pour l'apprentissage, car elle permet par analogie de rapprocher des éléments disjoints et d'éloigner des éléments trop distants. Elle pourrait conduire les systèmes connexionnistes à reconnaître par analogie les similitudes existant entre deux images, du fait de leur appartenance à deux classes très proches. Ce raisonnement est très voisin de la pensée humaine : nous sommes en effet capables, en distinguant à peine deux animaux dans un pré au milieu du brouillard, de faire la différence entre une vache et un cheval par déduction analogique. Ce type d'intelligence artificielle permettrait de corriger les faux positifs et les faux négatifs dans le diagnostic radiologique.

*

Tous ces systèmes sont des façons de décrire le monde et de l'appréhender au moyen de différents outils qui ne s'interpénètrent pas. Certains ne peuvent pas expliquer leur raisonnement (c'est ce qu'on appelle « l'effet boîte

1. Actuellement, un syndrome méningé est caractérisé par l'association non pondérée de maux de tête, de vomissements, de gêne à la lumière et de constipation, ce dernier symptôme étant décrit classiquement, mais pas véritablement explicable. L'utilisation d'algorithmes génétiques permettrait de créer une nouvelle façon de décrire les éléments constitutifs d'un syndrome méningé.

noire »), et d'autres le peuvent (effet « boîte blanche »). Pedro Domingos[1] a proposé une classification pour aider à s'y repérer. Sont rangés dans la « boîte noire » les systèmes connexionnistes et les algorithmes génétiques, et dans la « boîte blanche » les systèmes symboliques, les réseaux bayésiens et les systèmes analogistes.

En résumé, l'intelligence artificielle, née en 1956, est un affrontement entre deux conceptions du monde : une vision symbolique et une vision connexionniste.

- La vision symbolique repose sur une réalité matérielle et sur le raisonnement formel et logique. C'est ce qu'on retrouve dans les systèmes experts et les moteurs d'inférence) : on est dans des « visions métiers », c'est-à-dire des raisonnements tenus par des professionnels pour accomplir au mieux leur pratique. La puissance de calcul des machines importe relativement peu et elles peuvent expliquer leur raisonnement.
- La vision connexionniste, pour sa part, est une fonction de calcul complexe à partir de fonctions élémentaires gérées par des réseaux neuronaux : l'approche est donc mathématique et probabiliste, mais non raisonnée, comme dans le *machine learning* et le *deep learning*. Elle nécessite des puissances de calcul très importantes et la « boîte noire » que constituent les réseaux neuronaux est incapable d'expliquer son raisonnement, puisqu'il ne s'agit que d'un calcul de corrélation entre les données apprises et les faits proposés.

Chaque type d'intelligence artificielle (symbolique et connexionniste) est une manière de modéliser notre intelligence humaine. Aucun d'entre eux ne peut prétendre tout résoudre. Sans doute faudra-t-il organiser des confluences entre des systèmes de pensée différents, en laissant chaque petite entité « intelligente » continuer à brasser des données pour en ressortir un résultat. Cela nécessitera une transversalité inévitable, et donc beaucoup d'humilité et de compromis entre ceux qui les ont mises au point.

1. Professeur à l'université de Washington et chercheur en apprentissage automatique reconnu pour son réseau de logique de Markov, permettant de raisonner sur des univers incertains dont on ne connaît qu'une infime parcelle.

# Sur quoi repose l'intelligence artificielle en médecine

L'expression « intelligence artificielle » est avant tout un concept marketing, un mot pour communiquer et nous faire rêver – ou frissonner, selon les cas ! Si l'on replace ce mot fourre-tout dans la lignée de la relation médecin-patient, on voit qu'il regroupe des entités bien distinctes et qui sont importantes à connaître pour comprendre les enjeux du monde de demain : le raisonnement artificiel, la connaissance artificielle et la reconnaissance artificielle.

## LE RAISONNEMENT ARTIFICIEL

Comme on l'a vu, les techniques d'intelligence artificielle dites « symboliques » permettent d'aboutir à un diagnostic et à une décision grâce à un raisonnement : celui d'un médecin, qui part de la plainte du patient qu'il tente de circonscrire et de faire préciser au mieux. Il en tire des symptômes qu'il va associer pour envisager un certain nombre de diagnostics possibles. Grâce à des questions précises, il va peu à peu éliminer certains diagnostics au point qu'il ne lui en reste au mieux qu'un seul, sinon deux ou trois. L'examen clinique, en particulier la prise des constantes, ainsi que les examens complémentaires éventuels (biologie et imagerie) lui permettront, à défaut de certifier le diagnostic, du moins d'envisager le ou les plus probables. De là découleront la décision et un traitement qui sera dit

« étiologique » – c'est-à-dire le traitement de la cause. Parfois le médecin n'obtient aucun diagnostic, mais il lui faut prendre une décision et proposer un traitement, qui sera dit « symptomatique » – c'est-à-dire destiné à soulager les symptômes. Cette démarche « en entonnoir » constitue généralement la première consultation, la deuxième étant l'analyse des résultats des éventuels examens complémentaires.

Ce type de raisonnement est parfaitement simulé par les systèmes experts, leur performance étant liée à la quantité de diagnostics que connaît la machine et à la pertinence des questions posées. Ces systèmes sont en mesure d'apprendre par retour d'expérience. Si l'hôpital où a été envoyé le patient confirme que le diagnostic proposé par la machine est exact, la session est créditée d'un point et la séquence des questions posées considérée comme ayant du sens. On va donc empiler ces expériences et les traiter statistiquement pour définir au bout de combien d'expériences positives la machine peut être considérée comme compétente pour ces diagnostics. En revanche, si la machine n'a pas identifié le diagnostic, on essaye manuellement de vérifier la pertinence des questions, voire leur absence, et de corriger le tir. Ainsi la machine apprend-elle de ses expériences positives et de ses expériences négatives.

En général, la machine ne sait pas expliquer pourquoi elle pose ces questions, mais des recherches au CNRS à Toulouse sur notre intelligence artificielle MedVir sont en cours pour doter notre système d'une logique explicative ou argumentative. Par exemple, on va expliquer à la machine, avec des règles et des faits, pourquoi une personne qui présente une hémorragie massive est souvent pâle et en sueur. En cas d'hémorragie massive (externe ou interne), l'organisme va préserver ses organes vitaux (en particulier le cœur, les reins et le cerveau) en mettant le plus possible de sang – donc d'oxygène – à leur disposition. La médullosurrénale fabrique donc de l'adrénaline en quantité, laquelle va procéder à un rétrécissement du calibre des vaisseaux périphériques (vasoconstriction) de l'ensemble du corps. La peau devient alors très pâle. L'adrénaline provoque également une sécrétion de sueur par les glandes sudoripares de la peau, qui se déverse sur une peau pâle et froide. Et voilà pourquoi on a des sueurs froides. CQFD.

Cette logique explicative ou argumentative va donner à la machine un début de capacité d'argumentation. Mais comme il lui manque la capacité d'idéation et donc d'imagination, elle ne pourra pas découvrir une explication autre que logique ni identifier une explication qu'on ne lui aura pas fournie.

Si l'on ajoute à cela qu'elle n'a aucune conscience du rôle qu'elle joue, il est clair que ce type de machine raisonne sans comprendre.

## LA CONNAISSANCE ARTIFICIELLE

Notre connaissance d'être humain est liée à notre capacité à mémoriser les informations et à les retrouver. Les processus mémoriels humains sont très complexes et liés autant à notre pouvoir de concentration qu'à nos émotions, mais aussi à notre compréhension des faits, termes ou images à mémoriser.

Avec le *machine learning*, on introduit dans la machine une quantité considérable de données scientifiques numérisées (encyclopédies médicales, études, rapports d'expertise, bibliographie, etc.). Toutes ces données étant indexées, la machine peut les retrouver grâce à des requêtes qu'elle doit comprendre ou, plus précisément, qui lui permettent de retrouver le ou les paragraphes où est stockée l'information. L'intelligence artificielle Watson d'IBM, comme celle d'autres sociétés comme Intersystems, nécessite ainsi une reconnaissance sémantique et, surtout, syntaxique de la requête. Il s'agit donc d'une connaissance artificielle de type langage naturel

Cette connaissance artificielle est une forme évoluée d'intelligence artificielle, puisqu'elle est capable d'apprendre et même de transposer ce qu'elle a appris dans une spécialité pour l'appliquer à d'autres spécialités. Et il est clair que, sur le plan de la mémoire (fiabilité, rapidité, exhaustivité), la machine possède un avantage considérable sur l'être humain. Mais elle ne comprend pas réellement. On peut se demander si, sur ce point précis, sa limite n'est pas due au fait qu'elle utilise les mathématiques et les chiffres quand les êtres vivants utilisent les structures cellulaires et les neuromédiateurs. La construction d'ordinateurs biologiques fera peut-être exploser ce plafond de verre, mais ce n'est pas pour demain.

## LA RECONNAISSANCE ARTIFICIELLE

Les animaux comme les êtres humains ont la capacité de reconnaître d'un coup d'œil les formes, les êtres et les choses, et de les discriminer quasiment sans erreur de façon instantanée. De même, notre oreille est adaptée à la compréhension des langues et des sons. Notre odorat et notre goût également, qui font partie de la culture que nous avons apprise depuis l'enfance. L'animal a des capacités particulières de reconnaissance parfois hautement plus efficaces que les nôtres dans le domaine de la vision, de l'audition et de l'odorat. C'est davantage dans les actes plus spécifiquement intellectuels que l'être humain est très performant (reconnaissance musicale, visuelle, lecture rapide, etc.)

En médecine, notamment dans toutes les techniques nécessitant une lecture des images, les médecins possèdent une expérience acquise de longue date en ce qui concerne l'interprétation de l'imagerie médicale ou des électrocardiogrammes. Cette capacité est liée à la connaissance acquise au long des années, à la répétition du visionnage des images, à la capacité de mémorisation et... au talent. On comprend pourquoi l'interprétation dépend beaucoup de l'opérateur et que, dans le dépistage organisé, une double lecture des images radiologiques est nécessaire.

Le *machine learning* possède sans aucun conteste une avance sur le médecin, avance qui ne fera que s'accentuer à mesure que la machine apprend : elle ne fatigue pas, elle a une mémoire considérable et elle visionne très rapidement en comparant les images du patient avec celles qu'elle a dans sa banque d'imagerie.

Mais elle ne sait pas expliquer pourquoi elle pose tel ou tel diagnostic. De nombreux spécialistes en intelligence artificielle pensent d'ailleurs que le *machine learning* ne sera pas capable d'expliquer ce qu'il diagnostique sans ajout de moteurs d'inférence ou d'outils de logique explicative. C'est ce que font certaines start-up qui allient d'autres techniques au *machine learning*.

## *BIG DATA* ET *SMART DATA*

Pour évoluer, se mettre à jour et apprendre, la machine a besoin de données expérimentales. Plus l'expérience est riche et les données importantes, plus la machine sera « sachante », puisqu'elle aura appris. Et, pour apprendre, elle a besoin de trois choses : une masse importante de données *fiables* (les *big data*), un vecteur permettant une communication *fiable* entre les machines (le web 3.0) et... un professeur *fiable* (l'apprentissage supervisé par un médecin). Or les données « scientifiques » ne sont pas fiables, car elles sont recueillies par du déclaratif (celui du patient ou du médecin), selon des ontologies très variables (les mots employés) et des formats non structurés (le langage écrit ou oral courant). Le web 3.0 est lui aussi entaché d'un manque de fiabilité pour les mêmes raisons avec, de surcroît, le fait que les machines sont rarement interopérables. Quant au « professeur », il est lui-même susceptible d'enseigner des informations inexactes ou erronées. L'autoapprentissage n'est réel qu'en robotique, où les enjeux sont la simple réalisation d'une tâche.

*Si l'on met dans un milieu accidenté (un sous-bois, par exemple) un robot capable de se déplacer, il va forcément chuter à un moment ou à un autre (souche qu'il n'a pas repérée, terrain en pente avec une terre plus meuble…). Par contre, il va apprendre de ses erreurs. Confronté à la même situation, il saura corriger sa marche pour enjamber l'obstacle ou rattraper l'enfoncement de son pied dans la terre. On peut réellement parler d'« autoapprentissage » dans ce domaine, car les pièges dans un sous-bois sont en nombre relativement restreint. Placé dans un autre milieu, au bord de la mer par exemple, le même robot pourra se servir de son expérience, mais butera sur la problématique des vagues qu'il lui faudra apprendre à gérer. La capacité d'autoapprentissage dépend donc de la taille de l'univers dans lequel l'IA est plongée.*

En ce qui concerne les tâches de reconnaissance artificielle (*deep learning* ou *machine learning*) dans la lecture des images, la question qui se pose est celle des faux positifs (la machine pense que l'image est celle d'une tumeur) et des faux négatifs (la machine n'a pas vu la tumeur).

On sait que les programmes de lecture intelligente sont fiables dans 90 à 95 % des cas, quand le radiologue n'est fiable qu'à 75 %. La machine fait donc mieux que le radiologue. Mais si elle est persuadée qu'elle a raison à 95 % et que son avis n'est pas mis en doute, elle va croire, en l'absence de contrôle par une autorité humaine, que son diagnostic est exact alors qu'il ne l'est qu'à 95 % ! Elle prendra alors pour positif quelque chose qui ne l'est pas. Sans contrôle humain, la machine perdra donc peu à peu de sa pertinence. On peut ainsi paraphraser un film célèbre : « Les machines ont besoin des hommes » !

## Focus

**La justesse d'une prédiction est le rapport entre la somme des vrais positifs et des vrais négatifs (toutes les fois que la machine a eu raison, par exemple 91) sur la somme totale de tous les cas qu'on lui a soumis (100). Sa fiabilité est donc de 91 %, ce qui semble très correct. Mais une fiabilité à 91 % est-elle suffisante quand il s'agit d'affirmer qu'une tumeur est bénigne ? Sur 100 tumeurs, 91 sont bénignes (90 vrais négatifs et 1 faux positif) et 9 sont malignes (1 vrai positif et 8 faux négatifs). Ce qui veut dire que, sur 91 tumeurs bénignes, la machine en identifie 90 correctement comme bénignes, ce qui est satisfaisant. Mais sur les 9 tumeurs malignes, elle n'en a identifié qu'une comme maligne, ce qui est catastrophique puisque 8 tumeurs malignes sur 9 n'ont pas été détectées. Une justesse de 91 % n'est donc rassurante qu'en fonction de l'enjeu de la question posée.**

De fait, il manque aux machines le sens discriminatif de l'apprentissage. Le radiologue qui interprète un scanner est en bout de chaîne : à la différence du médecin ou de l'urgentiste qui ne fait que suggérer des hypothèses diagnostiques, il est là pour affirmer le diagnostic lorsque celui-ci est possible grâce à la radio. De ce fait, il engage sa responsabilité médicale, autant pour les faux positifs (diagnostic de quelque chose qui n'existe pas) que pour les faux négatifs (passer à côté de quelque chose qui existe). Quand on dit que les machines effectuent des diagnostics avec 95 % de fiabilité, c'est sur des banques d'images déjà répertoriées et en nombre limité bien qu'important. Pour toute image nouvelle, le radiologue ne peut engager sa responsabilité sur la seule foi de l'intelligence artificielle, et aucun ne laissera la machine endosser pour lui cette responsabilité. Il vérifiera donc systématiquement l'opinion de la machine.

Nous sommes donc encore dans l'enfance de l'intelligence artificielle et il reste un bout de chemin à parcourir dans les dix années qui viennent.

# IA faible et IA forte

On distingue actuellement une limite entre une intelligence artificielle faible (la capacité à accomplir une tâche simple et définie) et une intelligence artificielle forte (la capacité à établir des tâches complexes et non définies au départ). Qu'il s'agisse de définir un itinéraire, de comprendre au téléphone la demande d'un usager de la SNCF ou d'envisager des diagnostics à partir de symptômes ou d'images, cela reste de l'intelligence artificielle faible. L'intelligence artificielle forte est une intelligence globale, capable de répondre aussi bien à une demande d'itinéraire qu'à des horaires de train ou qu'à la cause d'un nez qui coule ou d'une image radiologique.

Une entité intelligente est une entité qui apprend, qui comprend, qui imagine et qui a conscience d'elle-même. Cette définition peut-elle s'appliquer à l'intelligence artificielle telle que les médias nous la présentent ?

## LA MACHINE ET L'APPRENTISSAGE

La machine, comme on l'a vu avec le *machine learning*, est capable d'apprendre... pourvu qu'on lui tienne la main (ou la souris !). Comprend-elle ? Oui, potentiellement, dans le sens où elle pourrait expliquer ses actions si on l'informait des raisons de ses actions et de son cheminement pas à pas dans la procédure qu'elle applique. Elle sera alors capable d'inventer, comme ces animaux qui sont capables d'imaginer une suite logique – ce qu'une machine peut faire –, mais non de créer une parade nuptiale comme le font certains poissons ou oiseaux qui rivalisent d'inventivité pour séduire leur future compagne. Donc, comme elle ne « comprend » pas vraiment, elle ne pourra pas imaginer des mondes dont elle n'a pas été informée ou du moins des repères ou des arguments qu'elle n'a pas découverts par sa propre expérience. Et si elle ne peut imaginer, comment aurait-elle conscience de sa propre finitude, celle à laquelle nous, les humains, sommes confrontés ? Sans conscience d'elle-même, une machine dite « intelligente » ne pourrait même pas envisager de passer le test de Turing !

On a objecté à cela une certaine compréhension de la machine en raison de sa capacité à ne pas céder au bluff, comme c'est le cas au poker. Or, on sait que la machine sait bluffer. On a même pu montrer qu'elle savait tricher alors qu'elle n'avait pas été programmée pour le faire.

> *On a demandé à un ordinateur de numériser des photos aériennes de champs et de les reporter sur une image, qui serait donc la transcription virtuelle d'une image réelle. C'est un simple programme de* deep learning *qui a effectué cette tâche. Mais lorsqu'on a comparé de façon très fine l'image réelle et sa transposition virtuelle, on s'est aperçu que l'ordinateur avait éliminé les éléments qu'il ne « comprenait pas » et les avait remplacés par des éléments approximatifs réducteurs. Et comme cela n'avait pas été programmé, on en a conclu que l'ordinateur avait « triché » pour réaliser une tâche qu'il ne savait pas faire !*

En fait, il y a dans cet exemple une double volonté d'anthropomorphisation : d'une part, on a transformé l'absence de reconnaissance de la machine en une absence de compréhension (ce qui est une erreur, car reconnaissance et compréhension sont des opérations bien différentes) ; d'autre part, on a considéré que, en raison de cette absence de compréhension, la machine avait volontairement dégradé l'image pour quelque chose de simplifié. Nous avons tellement placé la machine dans une position anthropomorphique que nous lui attribuons des pensées qui ne sont dues qu'à nos propres dérives de pensée.

# LA MACHINE ET L'IMAGINATION

La machine est-elle capable d'imaginer ? Question fondamentale, car l'imagination est le propre des êtres intelligents, qu'ils soient humains ou animaux. Elle consiste à puiser dans sa propre pensée et dans l'observation qu'elle fait du monde qui l'entoure pour réaliser un acte ou une œuvre nouvelle dont elle n'a pas connaissance. C'est donc bien différent de la capacité d'imitation, celle-ci étant la reproduction de quelque chose (acte ou œuvre) qui existe déjà. De nombreuses expériences ont été faites en ce domaine.

L'une d'entre elles remonte aux années 1990. On a fourni à l'ordinateur les règles de l'harmonie consonante (les règles classiques telles qu'elles sont appliquées par les compositeurs occidentaux jusqu'au XVII^e^ siècle). Ces règles interdisent certaines actions comme les quintes parallèles, la fausse relation de triton, etc., ou précise la façon de résoudre un accord de septième dominante. La machine a ensuite « imaginé » une pièce pour piano qui a été interprétée par un vrai pianiste. Le résultat a été une musique que l'on peut rapprocher de celle d'un Haydn ou d'un compositeur prémozartien. Mais on mesure à l'écoute que les mélodies produites sont bel et bien le fruit d'une démarche aléatoire et non d'une pensée imaginative. Il y manque l'émotion et la construction prospective.

Une expérience plus récente a été menée par un chercheur de l'université de Malaga en Espagne, Francisco Vico. La pièce *Hello World* pour piano, violon et clarinette a été écrite par un programme informatique appelé IAMUS que Francisco Vico a mis au point. Le résultat est une pièce contemporaine que l'on pourrait rapprocher de la musique française des années 1920 ou 1930. Son audition[1] montre que des règles et des faits ont été fournis à la machine, afin que celle-ci respecte un certain formalisme musical et une certaine façon d'écrire une pièce pour trois instruments. Il est clair en revanche que les processus « imaginatifs » sont le fruit d'événements musicaux aléatoires. Sur le même principe, on trouve des pièces de musique électroniques (basse, batterie et deux lignes mélodiques avec une harmonisation) où cet aspect de choix aléatoire apparaît de façon évidente grâce aux courbes que l'on voit se dérouler sur l'écran. L'imagination n'est pas là le fruit d'une pensée, mais du seul hasard intervenant avec des règles précises.

---

1. www.nova.fr/novamag/33809/ces-ordinateurs-qui-composent-de-la-musique

*Dans les années 1985, la Cité des sciences m'avait demandé de fabriquer une banque de 300 séquences musicales d'environ quinze secondes chacune, déclenchées par le passage du public sur trois types de dalles lumineuses : l'une pour une ligne mélodique, l'autre pour des percussions, la troisième pour des harmonies. Le pari était que, à tout moment, le déclenchement totalement aléatoire de ces séquences réalise une musique audible ou du moins ayant une cohérence. Le résultat fut étonnamment une réussite. Parce que j'avais imposé à chacune de mes séquences enregistrées des contraintes cohérentes qui donnaient à l'ensemble l'illusion d'une musique construite.*

L'imagination d'un individu se nourrit de son génie propre, mais également de tout ce qu'il a mémorisé au cours de sa vie, ainsi que de sa compréhension prospective et de la culture dans laquelle il baigne. La pensée « culturelle » est celle de ses concepteurs.

On a ainsi demandé à une intelligence artificielle de concevoir des slogans publicitaires. Il en est ressorti des slogans racistes et orduriers. La machine a-t-elle imaginé cela par elle-même ou bien est-ce la pensée inconsciente des programmeurs qui l'ont amenée à cela ? Autrement dit, pour paraphraser Jean-Jacques Rousseau, la machine naît-elle naturellement bonne, et est-ce l'homme qui la pervertit ?

## LA MACHINE ET LA CONSCIENCE

La machine a-t-elle conscience d'elle-même ? *Mon* ordinateur, qui est le réceptacle de *ma* pensée, est capable de retrouver, grâce à son index et aux tables qui le constituent, tous les éléments que j'y ai entreposés. C'est un fait. Est-il pour autant conscient de ce que j'y ai mis ? Non, bien sûr. Alors que, dans le règne animal, on sait de façon certaine que plusieurs espèces possèdent une certaine conscience d'eux-mêmes.

*Dans le monde animal, seules une vingtaine d'espèces sont qualifiées d'« intelligentes » : les dauphins, certains primates, de rares poissons. Le test du miroir, développé en 1970 par l'Américain Gordon G. Gallup, est encore considéré comme la référence absolue en matière d'intelligence animale. En effet, si un animal peut se reconnaître dans un miroir, alors il devrait avoir conscience de sa propre existence. Un poisson, le labre nettoyeur, vient de rejoindre le cercle très fermé des animaux intelligents : si l'on place une marque rouge sur le front du poisson archer, il n'en aura aucune conscience, jusqu'au moment où l'on remplace l'une des parois de l'aquarium par un miroir. Le poisson va soudain s'y voir et tenter de retirer la marque rouge qu'il a sur le front. Cela signifie qu'il reconnaît ce qu'il voit comme un élément le différenciant de ses congénères et que, se voyant différent, il cherche à rentrer dans le rang. Une performance de ce type serait inaccessible à un ordinateur.*

Le monde du vivant, même chez des animaux que nous pouvons estimer « non intelligents » par rapport à nous, est capable d'effectuer des actes conscients qu'aucune machine mise dans des conditions équivalentes ne pourrait réaliser.

*

Faisons les comptes : la machine n'apprend que de façon supervisée ; or, en médecine, on ne peut pas se permettre de prendre une décision sur le seul avis diagnostique d'une machine sans le contrôle d'un médecin. Ensuite, elle ne comprend pas ce qu'elle fait, en particulier lors des processus de reconnaissance artificielle (*machine learning* et *deep learning*). Par ailleurs, elle ne possède aucune capacité imaginative en dehors de ce qu'on lui a donné comme informations et de ses expériences aléatoires – qui ne sont pas des projets réfléchis. Enfin, elle n'a aucune conscience d'elle-même, pas plus que de sa finitude (l'équivalent de notre mort humaine) ou de réflexion existentielle sur sa place dans l'univers.

On peut donc, sans trop se tromper, affirmer que l'intelligence artificielle n'existe pas. Et qu'elle n'est pas près d'exister. Pour cela, il lui faudrait passer par une évolution de type néo-darwinienne afin de pouvoir prétendre à un anthropomorphisme réaliste.

# L'intelligence artificielle médicale au quotidien

On ne répétera jamais assez que l'intelligence artificielle en médecine n'est qu'un véhicule, un outil, un cerveau additionnel. On ne peut guère assimiler l'intelligence artificielle actuelle qu'à une sorte de super-calculatrice. En fait, ce qui fait que la machine est intelligente, c'est que ceux qui l'ont créée le sont – et c'est uniquement cela. Les patients utilisent de l'intelligence artificielle sans le savoir, et les médecins pensent qu'ils ne l'utilisent pas alors qu'ils en font un usage quotidien.

## LES ALGORITHMES

Quand nous appuyons sur le bouton de notre machine à laver pour sélectionner le programme « textiles fragiles », nous utilisons un programme d'intelligence artificielle : la machine exécute une procédure qu'on lui a fixée et elle ne peut en sortir que si elle perçoit un mauvais fonctionnement (pas d'eau, évacuation bouchée, eau trop calcaire, etc.). Ces algorithmes sont portés par des programmes informatiques, mais nos grands-mères avaient un raisonnement du même type : faire bouillir le linge avec de la lessive à 40 °C, le laisser trente minutes, changer de tambour, rincer, évacuer l'eau, essorer, etc. Un algorithme, ce n'est qu'un protocole, une recette !

Les personnes diabétiques utilisent des capteurs qui mesurent la glycémie dans une goutte de sang et fournissent un chiffre, lequel témoigne de la normalité ou du caractère anormal du taux de sucre dans le sang. Ils utilisent de l'intelligence artificielle sans le savoir.

À partir de vos symptômes, si vous recherchez la cause possible de vos maux sur un site internet répertorié par Google, vous faites marcher votre cerveau : les occurrences trouvées par Google sont issues de la simple recherche de mots grâce à un puissant moteur de recherche, mais c'est vous qui vous faites votre opinion, en complétant par rapport à votre vécu les signes qui vous sont proposés. Ces sites sont donc seulement des documentaristes un peu éclairés, mais ça s'arrête là : l'intelligence de Google, c'est la vôtre.

Avec les *symptom checkers* ou les systèmes experts, on commence à parler un peu d'intelligence artificielle, car la machine vous pose des questions. De vos réponses vont dépendre les hypothèses diagnostiques et l'évaluation de la gravité de votre situation. Les algorithmes qui envisagent ces questions n'ont pas de pensée propre, ils ne font au mieux qu'appliquer un raisonnement médical de type procédural, mais ne comprennent strictement rien aux questions qu'ils posent. On sait cependant que, avant 2020, des programmes de logique explicative seront en mesure d'expliquer la raison pour laquelle ils posent ces questions. Mais les choses s'arrêtent là. Point d'intelligence, mais de simples algorithmes qui triturent des scores à partir de chiffres obtenus dans les « données de la science ».

## LES DONNÉES DE LA SCIENCE

Sur ce point, il convient de rester extrêmement modeste : les données de la science que nous prétendons manier avec pertinence sont sujettes à caution. En effet, malgré un vernis mathématique et scientifique obtenu au cours de leurs études, les médecins praticiens, en ville ou à l'hôpital, ne sont pas des scientifiques, à de rares exceptions près. Ils répondent aux principes de René Descartes[1], ils utilisent les statistiques à des fins probabilistes, mais ils n'ont pas la rigueur des vrais scientifiques que sont les physiciens, les chimistes, les biologistes. Notre pensée de médecins est – heureusement – perturbée par des notions humanistes qui font toute la grandeur et la richesse de notre métier.

1. Ces principes sont au nombre de quatre : 1) la nécessité d'une absence de préjugés et d'une exhaustivité maximale dans le recueil de l'information ; 2) l'obligation de s'en tenir à son jugement impartial et éclairé ; 3) l'organisation des pensées en allant du plus simple au plus complexe ; 4) la vérification que rien n'a été omis.

Par ailleurs, notre façon de recueillir les données lors des expérimentations ou des études est entachée de biais : les critères d'inclusion ou d'exclusion des patients dans les études cliniques manquent souvent de rigueur. S'y ajoute la question de la relation médecin-patient, dont la qualité influe considérablement sur la valeur des données et sur leur pertinence. Puis vient la question des mots employés, ce fabuleux bestiaire de mots que les patients utilisent pour décrire leurs maux (la plainte). Si l'on entre dans une étude le mot « migraine », cela veut dire que la personne est atteinte d'une douleur dans la tête dont on soupçonne qu'elle a un caractère migraineux. Mais est-ce véritablement une migraine, plutôt qu'une algie vasculaire de la face, ou une céphalée de tension, ou un simple mal de crâne ? Les mots employés sont multiples et ne sont pas soumis à une standardisation, ce qui peut aboutir à mélanger allègrement des choux et des carottes, autrement dit à mettre en relation des éléments qui non aucun lien entre eux, donc à tirer des conclusions erronées. Cela explique qu'une étude parue dans la très sérieuse revue *Lancet* puisse être contredite une semaine plus tard par une autre étude sur le même sujet.

Dans les années 1980, on affirmait, statistiques à l'appui, que les bébés devaient dormir sur le ventre pour éviter la mort subite du nourrisson, alors qu'on pense désormais, avec la même certitude, qu'ils doivent dormir sur le dos ! Jusqu'à ce qu'on trouve des statistiques à l'appui une autre méthode. C'est le progrès scientifique. Mais, dans bien des domaines de la médecine, il n'a de science que le nom !

Parlons aussi des « cohortes » de patients, qui sont très variables : on peut examiner une problématique avec une méta-analyse de 60 000 patients, comme avec une étude ciblée sur 100 cas cliniques. À cela il faut ajouter les expertises financées en sous-main par des groupes industriels, ce qui peut grandement pervertir les résultats et les conclusions. Qui croire ?

Enfin, il y a l'irruption des *big data* au sein de ces éléments parfois peu fiables et où il est déjà malaisé de séparer le bon grain de l'ivraie. Or, pour toutes les techniques d'intelligence artificielle utilisant le *deep learning* ou le *machine learning*, la fiabilité des données est essentielle afin d'éviter le « bruit de fond informatique », qui ajoute des artefacts et des données non interprétables. On mesure alors combien l'intelligence artificielle est un colosse aux pieds d'argile.

# CE QUI MARCHE VRAIMENT

En fait, de même que Monsieur Jourdain faisait de la prose sans le savoir, les médecins utilisent peu ou prou les résultats fournis par l'intelligence artificielle.

## Les systèmes experts

Ce qui compte, ce sont les données, substrat essentiel sans lequel l'intelligence ne peut fonctionner – qu'elle soit artificielle ou non. Et les données, c'est d'abord l'anamnèse, c'est-à-dire l'histoire du patient, les signes qu'il a ressentis ou observés, l'ordre et le contexte dans lequel ils sont survenus, leur nature, leurs caractéristiques et leur durée. Un bon interrogatoire permet dans près de 90 % des cas de soupçonner le diagnostic final.

Un système expert correctement renseigné peut être pratiquement aussi performant que l'interrogatoire mené par un médecin. D'ici à trois ans, avec les retours diagnostics, l'intelligence artificielle diagnostique concernant l'anamnèse devrait être plus performante que le médecin. La différence entre un médecin et la machine, c'est que cette dernière ne pourra corriger d'éventuelles erreurs que si on l'en informe et qu'on rectifie son algorithme ou les données qui lui ont servi à fournir son diagnostic.

> *Le piège est classique : un enfant de huit mois a le nez qui coule depuis trois jours. Il a 40 °C de fièvre, il tousse et il a vomi ; de plus, il pleure sans arrêt. Le médecin qui l'examine s'inquiète de son état, le trouve très raide et l'envoie à l'hôpital pour suspicion de méningite en raison de la fièvre, des vomissements et des pleurs. Arrivé à l'hôpital, l'enfant ne pleure plus, il a toujours de la fièvre et il continue de tousser. Diagnostic : rhino-pharyngite. La suspicion de méningite aurait pu être éliminée si le médecin avait relevé que l'enfant avale depuis trois jours des glaires dues à sa rhino-pharyngite virale fébrile contractée à la crèche. Cela explique qu'il tousse. Or les glaires sont très indigestes. À la suite d'un effort de toux plus important, l'enfant va vomir ces glaires, et il pleure parce qu'il ne parvient pas à trouver le sommeil. La survenue des vomissements à la suite des efforts de toux aurait donc dû avoir un caractère rassurant et ne nécessiter qu'une simple surveillance.*

## L'Internet des objets (IoT)

Ce qui marche aussi, ce sont les capteurs. Les thermomètres électroniques, quelle que soit leur technique, sont aussi fiables que le vieux thermomètre au mercure de nos grands-parents. Il en est de même pour le tensiomètre, le saturomètre de pouls, l'électrocardiogramme, le glucomètre pour la glycémie, le *peak-flow* (la mesure du souffle expiratoire). Les capteurs n'ont strictement aucune intelligence, mais leurs données sont fiables et ils peuvent les transmettre par Bluetooth à n'importe quelle application. Encore faut-il que ces données puissent être interprétées.

Si vous avez un pouls à 50 et 12/8 de tension à 60 ans, le médecin va vous féliciter, vous dire que vous avez une « tension de jeune fille » et que vous pouvez « continuer comme ça ! ». Mais si vous avez le même âge et qu'on vous a placé un pacemaker (sa fréquence est réglée à 60), cela signifie que ce dernier est en panne et que vous devez appeler tout de suite le 15 ! Toute donnée doit donc être contextualisée. C'est le rôle du médecin et cela doit être celui de l'intelligence artificielle.

La mode actuelle consiste à assimiler l'intelligence artificielle au *deep learning*, le diagnostic des scanners et des IRM par l'intelligence artificielle en tête de pont. Ça marche, et plutôt très bien, car on arrive à des performances diagnostiques de 90 %, voire plus. Cela n'empêche pas le contrôle par un radiologue, mais l'intelligence artificielle est en mesure de faire gagner du temps et parfois de la pertinence. Il en est de même avec la lecture rapide des électrocardiogrammes. Et l'on sait que d'autres examens comme l'échographie pourront à terme être interprétés par des machines avec le même succès. Est-ce la mort des radiologues ? Non, car la machine – comme le médecin – se trompe ou est susceptible de se tromper, par excès (faux positifs) ou par défaut (faux négatifs). Là encore, c'est avec le concours de l'anamnèse, de l'examen clinique et, surtout, de l'intelligence du radiologue que l'on pourra améliorer les performances.

## Les capteurs « intelligents »

Reste le bon vieil examen clinique, le dernier rempart qu'opposent les réfractaires aux prosélytes de l'intelligence artificielle. Palper un ventre, faire un examen gynécologique, ausculter un cœur ou effectuer un examen neurologique reste encore l'apanage du médecin. De plus, certains examens, comme l'examen gynécologique ou l'examen neurologique, ne sont pour l'instant praticables que par des médecins. Toutefois, l'examen clinique est « opérateur-dépendant » (il y a les bons et les mauvais cliniciens). Surtout, il est très imparfait : une simple radio des poumons est souvent beaucoup plus performante qu'une auscultation, et l'échographie abdominale infiniment plus fiable que la palpation abdominale manuelle. Mais il reste aussi cette finesse d'examen qui est l'apanage des neurologues.

*J'ai le souvenir du professeur Saïd, neurologue à l'hôpital du Kremlin-Bicêtre, dans les années 1975. Grand et sec, toujours cravaté et calme, il examinait ses patients avec une dextérité qui laissait tous les étudiants admiratifs : quelques questions, un regard profond, des instruments comme un marteau à réflexes et un diapason, qui semblaient sortis du Moyen Âge, et surtout cette capacité à mettre en évidence des signes cliniques infimes et qui lui faisaient dire avec un naturel et un calme déconcertant : « Syndrome de Wallenberg. » Une maîtrise consommée élevée au niveau de l'art !*

On peut toutefois penser sans trop se tromper que, dans cinq ans, nous disposerons de capteurs infiniment plus fiables que les cinq sens du médecin, ce qui rendra tout cet aspect de l'examen clinique totalement dépassé... à une exception près que nous verrons plus loin.

## CE QUI VA CHANGER

Les hypothèses soulevées par le médecin au cours de son interrogatoire seront beaucoup plus fiables lorsqu'elles seront envisagées par des systèmes experts performants. C'est déjà le cas, mais il reste de nombreux diagnostics à construire avant que la machine soit, dans ce domaine, plus efficace qu'un collège de médecins internistes. Dans cinq ans, elle le sera.

La fin de l'examen clinique est sans doute proche. Il existe déjà des stéthoscopes intelligents capables de comparer par *deep learning* des auscultations pulmonaires ou cardiaques avec des banques d'auscultations qui reconnaissent les sons, exactement comme Shazam reconnaît les chansons qu'on lui fait écouter. Des gants avec retour de force et avec des palpeurs de température, d'humidité et de rugosité pourront être enfilés par un professionnel de santé non-médecin (une infirmière, par exemple), et l'examen pourra être interprété par des algorithmes assez simples. Le médecin à distance pourra de la même façon, s'il le souhaite, ressentir grâce au même gant, et sur un ventre en silicone pourvu de moteurs, ce que l'infirmière a palpé sur le ventre du patient. Cela est tout à fait possible en raison des progrès foudroyants de la réalité virtuelle et de la simulation.

*Au salon Health Monaco de juin 2018, je me suis trouvé devant une jeune femme en silicone prête à accoucher. J'ai enfilé des gants et le travail a pu commencer. La mère criait avec un réalisme parfait. La tête du bébé a commencé à apparaître et, même si je ne suis pas obstétricien, j'ai tout de suite vu que l'enfant se présentait par la face. Angoisse ! Manipulations pour stopper la progression du bébé, demande à la mère de ne pas pousser. Pour couronner le tout, la femme en silicone commence une crise d'éclampsie (épilepsie), et la tête du bébé commence à bleuir ! J'ai beau savoir qu'il s'agit d'un mannequin, je commence à paniquer. Je propose un traitement immédiat de la mère, qui lui est virtuellement administré, et je m'occupe du bébé. Je ne sais pas comment je parviens à le faire pivoter pour qu'il se présente normalement. Quelques minutes plus tard, en sueur, je parviens à mettre au monde le bébé. J'ai eu chaud !*

On pourra de la même façon pratiquer des échographies à distance, la sonde étant manipulée par un radiologue distant au moyen d'un joystick. Mais cette tâche pourra aussi être confiée à une infirmière qui manipulera la sonde, après avoir reçu la formation adéquate, les clichés étant interprétés par une IA de type *deep learning*. Il en sera de même pour l'examen de la gorge, des tympans, l'examen gynécologique et le fameux examen neurologique où l'œil du neurologue sera remplacé par de la reconnaissance de type *deep learning*. L'examen clinique que nous connaissons pourra tout à fait, d'ici à cinq ans, être accompli par des machines. Faut-il s'en féliciter ou s'en plaindre ?

Ce qui va changer, et de façon radicale, ce sont les protocoles thérapeutiques, qui seront assistés par des systèmes experts, et les interventions chirurgicales, assistées par un robot dans un premier temps, puis ultérieurement réalisée entièrement par la machine. La question qui se pose est la singularité de l'individu face à un programme informatique. Un programme est comme une route toute tracée dont les méandres sont connus. Mais tous les êtres humains sont différents et leur singularité peut mettre le programme en échec, voire le conduire à des erreurs. Cependant, on peut tout à fait imaginer, d'ici à dix ou quinze ans, à la suite du recueil d'interventions réelles ou de protocoles réels sur des patients réels, la constitution de bases de connaissance qui acquièrent peu à peu tous les types de variabilité des différents individus.

Que restera-t-il alors au médecin si les machines interrogent, examinent, soignent et font le suivi ? La question est posée, mais l'avenir qui en découle est loin d'être sombre, bien au contraire.

Car un médecin, c'est finalement une personne qui a la capacité de voir, d'entendre, de goûter (les médecins du XIX$^{e}$ siècle goûtaient les urines des diabétiques pour y trouver des traces de sucre), de palper et de toucher, et surtout de comprendre. Le va-et-vient entre ses cinq sens et sa raison permet à un médecin d'évaluer une situation, de suspecter un diagnostic et de proposer, voire de réaliser un traitement. Mais un médecin, c'est également et avant tout une personne physique dotée d'émotion et d'empathie, sur qui repose la décision de déterminer ce qui est le mieux pour le patient et qui va endosser la responsabilité de cette décision.

Le médecin est un être humain face à qui la machine, même la plus sophistiquée des humanoïdes, restera une machine. Cet être humain, c'est lui qui a l'intelligence de décrypter la plainte, d'écarter les symptômes sans objet et de déceler les signaux faibles. C'est lui aussi qui rapproche des éléments de vie insignifiants pour la machine, mais qui ont un sens au plan psychosomatique qui est l'une des composantes majeures de la médecine. C'est encore lui qui décide ce qui est hors protocole, mais finalement le mieux pour le patient. C'est parce qu'il est un être humain en qui le patient a confiance que fonctionne l'effet placebo, grâce auquel le patient guérit plus vite et plus sûrement. C'est lui enfin qui posera sa main sur l'épaule du patient et, parce que l'un et l'autre sont des êtres humains, pourra lui dire avec la certitude d'être entendu : « Oui, c'est bien un cancer, le pronostic n'est pas très bon, mais on va s'en sortir. Ensemble. »

# L'intelligence artificielle en question

# Un changement dans la relation patient-médecin

Pour mesurer l'influence de l'intelligence artificielle dans la relation patient-médecin, il faut pénétrer dans l'intimité de notre cerveau et comprendre ce qu'est la plasticité cérébrale.

## CERVEAU DE CHAIR CONTRE CERVEAU DE FER

Notre système nerveux est composé de plusieurs étages. L'étage inférieur est constitué de capteurs (température, pression, douleur, tact, retour d'information en provenance de nos muscles, de nos articulations et de nos cinq sens). Toutes ces informations remontent par la moelle épinière vers le tronc cérébral, l'étage moyen, au sein duquel se trouvent des structures capables d'intégrer ces informations, de les associer, et d'en fournir une sorte de « synthèse » à notre cerveau. Ce dernier est l'étage supérieur, qui est chargé de plusieurs actions de bases (voir, entendre, goûter, sentir, ressentir, être en équilibre dynamique, etc.), qu'il accomplit en « stéréophonie ». Toutes ces informations sont intégrées par nos deux hémisphères cérébraux qui sont plus spécialisés, l'un dans le traitement formel des informations pour déterminer une action, l'autre dans leur traitement émotionnel. En fait, même si ces deux fonctions sont séparées, la vision d'un cerveau droit et d'un cerveau gauche est désormais dépassée, comme l'ont montré les IRM où les deux côtés sont interchangeables par plasticité cérébrale.

Suite au recueil de ces informations venues de tout le corps, les hémisphères cérébraux doivent envoyer des ordres précis aux muscles, aux yeux et à la bouche, qui sont les acteurs immédiats de nos actions humaines. Certains ordres sont conscients et dictés par la volonté (parler, écrire, se déplacer, etc.), d'autres sont inconscients (les lapsus, les réflexes intégrés dans le cerveau reptilien comme la protection ou la fuite, les attitudes de communication non verbale, etc.). Tout cela, c'est « l'intelligence du corps ». D'autres encore sont de nature bien supérieure comme la stratégie, la dissimulation, la manipulation, le raisonnement, la pensée, qui sont toutes des fonctions intellectuelles supérieures. Et puis il y a l'intelligence émotionnelle qui comprend l'empathie, le sentiment amoureux, la création artistique, etc.

Bien sûr, ce résumé est simplificateur et réducteur. Mais il permet de montrer que la machine la plus évoluée, au sens de la robotique, est à des années-lumière de ces capacités comportementales et émotionnelles qu'un enfant a déjà intégrées pour la plupart dès l'âge six mois.

Sur le plan moteur, le robot a une avance considérable car l'enfant marche de façon hésitante et commence à parler entre un et deux ans. Puis, à mesure que l'enfant grandit, cet écart va se réduire et son intelligence va bientôt surpasser celle du robot dans la sphère de l'imaginaire, de l'émotion, de la compréhension et de la conscience de soi. Cet humanoïde qui tente de nous ressembler ne sera jamais un être humain.

*L'image est saisissante : un robot humanoïde qui déambule avec nonchalance sur une route en forêt. C'est un homme qui marche tranquillement et dont la désinvolture nous touche, tant elle est naturelle. En même temps, il nous fait peur, car ce n'est pas un homme, alors qu'il en a les comportements. À le voir ainsi, image spectrale et terrifiante parce que si proche de nous, on ne peut s'empêcher de penser au coup suivant : il va nous aborder, se réjouir du beau temps qu'il fait, nous demander ce que nous faisons là sur cette route printanière. Et c'est de cette confrontation entre son inhumanité de machine qui semble nous comprendre et notre propre humanité sidérée que va naître notre effroi d'avoir rencontré un tel être.*

Nous apprenons sans cesse tout au long de notre vie et nous oublions aussi sans cesse, afin de trier les faits, d'en enfouir certains et d'en reconstruire d'autres. C'est grâce à la plasticité neuronale que les pianistes ont une frontale ascendante[1] très développée au niveau de la zone dédiée à la main, et les peintres une aire occipitale plus riche en connexions neuronales. Les capacités artistiques humaines témoignent de la supériorité inégalable de l'imagination humaine face à celle de la machine, en raison même de la nature biologique de ses connexions neuronales. Sans doute est-ce ce qui explique que la construction inconsciente de notre cerveau soit aux antipodes de celle des intelligences artificielles, qu'elles soient symboliques ou, *a fortiori*, connexionnistes.

## L'IMPACT DE L'INTELLIGENCE ARTIFICIELLE SUR LA RELATION

Les machines sont donc de simples exocerveaux, des calculatrices bien informées. Mais c'est là que se situe l'un des dangers qui nous menacent à travers elles : la perte du savoir. Paradoxalement, plus l'accès à l'information est facile et minimise notre effort de mémorisation, moins notre cerveau emmagasine d'informations et plus il régresse. Un chauffeur de taxi qui utilise systématiquement son GPS va voir diminuer fortement son sens de l'orientation. La machine, en nous soulageant de certaines tâches (calcul mental, décision, écriture, etc.), fait involuer certaines zones de notre cerveau – comme il en va pour un pianiste qui ne fait plus ses gammes. Soulagé de bien des tâches pour lesquelles il se repose de plus en plus sur la machine, le cerveau du médecin risque de perdre certaines facultés, notamment en ce qui concerne le diagnostic.

La relation médecin-patient est fortement touchée, car le médecin est de moins en moins considéré comme un « sachant » – certains patients sont davantage au courant de leur maladie que le médecin censé les soigner. Certains médecins maudissent D^r^ Google que les patients ont consulté avant de venir à leur cabinet. Il s'ensuit une modification des rapports et une

1. Zone du cerveau située vers l'avant et le côté de chaque hémisphère, et chargée de la motricité du corps. La zone affectée à la main est la plus étendue en raison de la complexité des gestes qu'elle doit accomplir par rapport au pied par exemple.

double méfiance : celle du patient qui doute du savoir de son médecin, et celle du médecin qui redoute le savoir de son patient. On peut donc craindre, à terme, une diminution de l'effet placebo, donc d'une partie de l'efficacité thérapeutique.

Mais, à l'inverse, vont apparaître des influences positives, en particulier à cause de la prolifération des déserts médicaux. On manque de médecins dans tous les pays, alors que la demande croît inéluctablement. Les médecins vont donc devoir déléguer un certain nombre de tâches à des non-médecins. Le métier de sage-femme, qui existe depuis l'Antiquité, est un exemple parfaitement réussi de cette délégation. On voit maintenant émerger les IPA (infirmières de pratique avancée), au grand dam de certains médecins. Ce sont d'ailleurs les mêmes qui luttent pied à pied contre l'intrusion de l'intelligence artificielle dans le diagnostic médical. Et cela se comprend, car une infirmière, voire un assistant sanitaire formé, sera tout à fait capable, grâce à de l'intelligence artificielle, d'interroger le patient, de prendre des mesures, de récolter des informations complémentaires dans le domaine du médico-social et d'envoyer le tout au médecin référent du patient ou à son substitut en cas d'indisponibilité. Nul doute que la mise en place d'un nombre important de ces nouveaux métiers (assistants médicaux, assistants sanitaires, infirmières de pratique avancée, etc.) permettrait sinon de résoudre, du moins de revitaliser les territoires désertifiés et de permettre à une nouvelle génération de médecins de repeupler d'ici à dix ans ces zones abandonnées.

## Focus

**Une démarche appelée « *Care* des territoires oubliés » est en cours en France, avec le soutien de plusieurs agences régionales de santé (ARS). Elle consiste, sous le contrôle du médecin, à doter des infirmières de l'intelligence artificielle MedVir, complétée par les données d'objets connectés, le tout au chevet du patient. Le compte rendu est envoyé au médecin télécoordinateur, qui prend connaissance en quelques instants de la situation et décide des suites à donner : appel au Samu ou demande d'ambulance, envoi d'une ordonnance ou mise en relation avec un médecin en téléconsultation qui bénéficiera du même compte rendu. On estime que cette initiative, réalisée par un consortium de plusieurs entreprises, va permettre de diminuer**

**les appels inutiles au 15 et de désengorger ainsi les urgences pour tout ce qui concerne les petits problèmes quotidiens. Dans le même ordre d'idée, le gouvernement du Québec s'intéresse à MedVir pour évaluer en amont les urgences hospitalières et réorienter les patients vers des structures plus légères et plus appropriées (cliniques, dispensaires, etc.).**

Mais c'est sur la question de la réglementation (transfert de responsabilité des médecins vers les professions intermédiaires pourvues d'une intelligence artificielle) que le changement de la relation médecin-patient sera le plus touché. Se posent de ce fait des questions fondamentales dans les domaines de l'éthique, de la déontologie et des assurances. Nous y reviendrons plus loin.

Les impacts de l'intelligence artificielle sur la relation médecin-patient vont donc être considérables, mais on ne sait pas encore de quelle façon ils vont se produire ni jusqu'où, tant l'être humain est imprévisible. Et c'est cela qui est rassurant !

# Les perspectives de l'intelligence artificielle

Sur ce chemin que suivent médecins, chercheurs, informaticiens, cogniticiens et autres, il y a la volonté plus ou moins consciente de passer d'une intelligence artificielle faible à une intelligence artificielle forte. Qu'on le déplore ou qu'on s'en félicite, cette démarche est soumise à des freins, dont certains ne sont pas près d'être levés, et bénéficie des avancées considérables qui existent sur le plan technologique.

## LES FREINS À LA PROGRESSION

La loi de Moore énonce que la puissance des machines (nombre de processeurs et vitesse des horloges) double tous les dix-huit mois. Cela s'est vérifié jusqu'à présent, mais les experts prédisent, chiffres à l'appui, que si l'on ne change pas de modélisation des ordinateurs, la stagnation qu'on observe depuis 2004 va s'accentuer jusqu'en 2030. Car on va finir par buter sur la problématique de la miniaturisation, qui ne peut être infinie (on a pu créer un transistor d'un nanomètre, ce qui amène aux limites de la maîtrise de la matière, un atome ayant une taille d'un dixième de nanomètre). On va aussi buter sur des « bruits quantiques » créés par les particules élémentaires (radiations cosmiques par exemple), qui percutent en permanence ces transistors. On est donc à la limite en ce qui concerne la puissance des machines, qui a été multipliée depuis 1951 par cent millions de milliards ! Cette puissance n'est donc pas infinie, à moins que l'on parvienne d'ici à dix ans à maîtriser la technique des ordinateurs quantiques.

Au lieu d'utiliser des transistors, qui sont fondés sur deux bits[1] (0 et 1), un ordinateur quantique travaille sur des qu-bits[2] dont l'état quantique peut posséder une infinité de valeurs. Ce type de machine est très adapté pour la cryptographie ou la reconnaissance d'images, car elle peut décrypter des problèmes très complexes comme casser des codes, prévoir des fluctuations financières en Bourse ou prédire la météo. En revanche, elle n'est pas adaptée au traitement de données en grand nombre que font les calculateurs superpuissants.

Or l'intelligence artificielle connexionniste va avoir besoin d'une puissance de calcul phénoménale pour traiter les *big data* et alimenter en données fiables les programmes de diagnostic par *deep learning*. Pour qu'une donnée soit fiable, il faut que les corrélations mises en évidence par l'intelligence artificielle soient étayées et prouvées afin de pouvoir être comprises et qu'on puisse leur donner un sens. Il faudrait alors une IA pour contrôler l'IA ! Ce constat montre que la puissance de calcul ne présume en rien la capacité à doter une machine d'une intelligence au sens d'IA forte ou d'IA générale (une IA capable de tout résoudre comme l'esprit humain).

L'intelligence artificielle symbolique et, plus globalement, les systèmes experts sont plus à même d'avancer vers une IA forte, car ils seront à terme capables de développer une logique argumentative, c'est-à-dire d'expliquer comment ils le font à défaut de comprendre ce qu'ils font (il y a un monde entre le comment et le pourquoi, et ce monde, c'est la compréhension). On butera donc encore longtemps sur ce verrou.

## LES AVANCÉES TECHNOLOGIQUES

La première avancée est la puissance des machines, mais on sait, en l'état actuel des connaissances, qu'elle n'est pas infinie. On peut toutefois penser que, grâce à cette puissance phénoménale de calcul, les machines vont

1. Un bit est la plus petite unité d'information, qui possède deux états : vrai (= 1) et faux (= 0). Une succession de 8 bits forme un octet, 1 Ko est un ensemble de 1 000 octets, et 1 Mo un ensemble de 1 million d'octets.
2. Un qu-bit est une unité d'information qui possède une multitude d'états entre le 0 et le 1, gérés par des probabilités. On est donc théoriquement capable, dans 1 qu-bit, de transporter une information d'une finesse extrême entre le vrai et le faux.

pouvoir corréler des événements que notre cerveau n'est pas capable de corréler, et traiter ainsi des masses d'information.

Par ailleurs, dans les cinq ans qui viennent, la recherche fondamentale sur la matière et les matériaux va sans nul doute bouleverser le monde des ordinateurs, mais surtout celui des capteurs. Tout ce que j'ai décrit plus haut et qui annonce la fin de l'examen clinique par le médecin devrait raisonnablement survenir avant 2025.

La progression des performances des logiciels qui recueillent les données de façon normée va également modifier radicalement la machine. Les chatbots sont encore un peu balbutiants, mais les progrès sont visibles, avec l'inclusion de glossaires permettant de recueillir le déclaratif des patients. Parallèlement va se développer l'analyse sémantique et syntaxique de ces données comme le font Watson ou Intersystems. De même, les systèmes de fouille de données comme Semdee permettront de classer et de hiérarchiser en temps réel des masses considérables de données, y compris audio et vidéo. Ces réseaux cognitifs devront permettre de commencer à établir des corrélations gouvernées par la recherche du sens et non par la seule corrélation mathématique de la *data science*[1] sur les *big data*.

Enfin, la progression de la robotique va également ouvrir de nouvelles perspectives. Les robots chirurgiens ne sont pas une fiction. Actuellement simples aides opératoires sous le contrôle du chirurgien, ils pourront gagner peu à peu en autonomie et en précision grâce au *machine learning*.

> *Le 7 septembre 2001, le Pr Marescaux réalise depuis New York une première mondiale en téléchirurgie en opérant de la vésicule biliaire une patiente se trouvant à Strasbourg. C'est ce qu'on a appelé l'« opération Lindbergh ». L'intervention, qui a duré quarante-cinq minutes, a consisté en une ablation de la vésicule par manipulation à distance des bras d'un système robotisé, nommé « Zeus » et conçu par Computer Motion. La liaison entre le robot et le chirurgien était assurée par un service à haut débit sur fibre optique mis en place par France Télécom. Il s'agissait d'une simple*

1. Les *data scientist* sont des spécialistes dont le rôle est d'extraire des informations pertinentes au sein d'une masse considérable de données (les *big data*), au moyen de techniques statistiques et mathématiques.

*téléopération, mais l'automatisation et la précision des moteurs des robots peuvent laisser envisager des progrès dans les cinq ans.*

Mais les robots sont aussi des machines qui peuvent être conviviales – comme le robot Pepper[1]– et capables de percevoir, grâce à l'image ou au son, des éléments de reconnaissance faciale mais également de données émotionnelles. Des humanoïdes pourront ainsi, une fois les premières réticences levées, suppléer le manque de personnel d'accompagnement des personnes âgées en EHPAD ou des patients dans les hôpitaux. Certes ils ne remplaceront pas les humains, mais ils permettront de les seconder efficacement pour des tâches simples de type procédural.

## Focus

**Au Consumer Electronic Show de Las Vegas, en 2016, une caméra pouvait évaluer en cinq secondes, avec une précision redoutable, votre sexe, votre âge et votre état de stress. Désormais, les caméras à reconnaissance faciale mises en place en Chine sont en mesure de reconnaître et de tracer toute personne chinoise avec une très faible marge d'erreur. Il existe aussi un programme israélien capable de déceler, au simple son de la voix, des éléments émotionnels tels que le stress, la joie, l'inquiétude, la tristesse, etc. Couplé à la reconnaissance visuelle du visage, dont on connaît depuis longtemps les principes (la communication non verbale), un simple robot sera en mesure de saisir l'état émotionnel d'une personne et d'adapter son discours en conséquence.**

Grâce à cet afflux de données, recueillies par les capteurs et par les logiciels de *deep learning*, remises dans le contexte de la plainte du patient par les systèmes experts inclus dans des chatbots, et stockées dans un dossier médical intelligent, il est vraisemblable que dans cinq ans la demande du patient pourra être recueillie par des machines de type conversationnel.

1. Robot humanoïde qui parle et comprend certains mots, Pepper est en mesure de remplir certaines tâches d'accompagnement : accueil, dialogue avec des personnes médicalement dépendantes, etc.

### Focus

**Le robot Pepper n'en est qu'à ses débuts, mais il est déjà très prometteur: c'est un androïde de moins d'un mètre de haut, qui se déplace et dont la caméra permet de faire de la reconnaissance faciale. Il est en mesure d'évaluer votre état émotionnel et il pourra être doté d'un nez artificiel capable de récupérer des odeurs. Il fait des gestes non saccadés et peut saisir des objets, il parle avec une voix haut perchée mais sympathique et pourvue d'intonations; il comprend beaucoup de mots sans apprentissage, et la tablette qu'il porte sur le ventre permet de dialoguer avec lui pour tout ce qui nécessite l'affichage d'images ou de listes à cocher. Les enfants et les personnes âgées ont un contact facile avec lui, et il inspire une sympathie naturelle.**

**La communication homme-machine passe par la langue et la voix, mais aussi par la communication non verbale qui permet la transmission d'émotions. C'est tout cela qui fait la différence entre un écran et un robot humanoïde, dont on se plaît à penser qu'il serait proche de nous au point que l'on se confie à lui.**

## LE DOSSIER MÉDICAL PERSONNEL

Il est en lui-même une solution et un problème. Une solution parce que le stockage de toutes les données appartenant au patient permettra de conserver en mémoire tous les événements saillants de sa vie. Mais aussi un problème dans la mesure où les concepteurs du dossier médical personnel (DMP[1]) n'ont envisagé cet outil que comme une mémoire de stockage. Or, un dossier médical, c'est un ensemble de faits, de maladies, d'examens, de traitements, et c'est surtout la mise en perspective par le médecin de l'histoire du patient, car c'est dans ce dossier qu'il consigne ses interrogations et ses certitudes, même si elles sont fausses. Ces données fournissent

1. Dossier médical dont la construction a débuté en 2004 mais dont l'usage par les médecins et la population reste, en 2019, assez marginal.

une image subjective du patient, mais une image incarnée par celui qui l'a observé. Un dossier médical intelligent, de type 3.0, doit bien sûr conserver les faits (symptômes, diagnostics, résultats d'examen, traitements et suivi), mais il doit surtout raconter une histoire, celle du patient. Or qui mieux que le patient lui-même peut raconter sa propre histoire ? Et qui mieux que le médecin qui le suit peut redresser certaines approximations, remettre l'histoire en perspective d'un point de vue médical ? Le problème, c'est qu'aucun DMP n'ose se lancer dans cette aventure tant elle est complexe.

On a tendance à assimiler par erreur la *blockchain*[1] à une intelligence artificielle. Il s'agit seulement, comme son nom l'indique, d'une chaîne sécurisée comprenant tous les intervenants au sein d'un écosystème. Il n'y a là aucune intelligence dans la perspective de ce que nous avons présenté précédemment, mais une simple procédure permettant de stocker les données de façon sécurisée. Ce type de système est en fait une concurrence directe au DMP.

Actuellement, aucune intelligence artificielle n'est en mesure de faire une synthèse intelligente et structurée à partir du déclaratif du patient, même quand il est validé par un médecin. Et la cause de cette incapacité, c'est que l'histoire d'une vie, comme celle d'une maladie, est avant tout de la littérature ! La machine n'est pas équipée pour cela, puisqu'elle n'est construite que sur des algorithmes, donc sur du procédural. La littérature, tout comme la création artistique, est fondée sur la compréhension de l'autre, sur l'imaginaire qui permet de prévoir, et sur la conscience que l'on a d'exister.

On se trouve ici directement confronté au plafond de verre de l'intelligence artificielle : donner du sens aux choses et aux faits. Au stade où nous en sommes, seuls le patient et le médecin sont en mesure de le faire. Le drame est que le DMP a été conçu par des informaticiens et des administratifs, et que patients et médecins ont été écartés de sa conception. Le résultat est un gâchis de plus de 500 millions d'euros et un labeur quasi inutilisable qui s'est pourtant étalé sur quinze années, depuis la décision de sa mise en place par la loi de 2004 sur l'Assurance maladie. Il y a peu de chances que le DMP ait la moindre utilité pratique et, surtout, qu'il recueille des données ayant du sens.

---

1. Technique de stockage et de transmission d'informations sans organe de contrôle centralisé. Les données entrées dans la *blockchain* sont indestructibles et infalsifiables.

# Les risques de l'intelligence artificielle

Il est étonnant de constater, dans la presse et les médias en général, les fantasmes générés par l'intelligence artificielle. On lui prête des capacités qu'elle n'a pas, sans imaginer les véritables risques qu'elle représente. Certains risques plus ou moins justifiés balisent le terrain, entre peur infondée et danger réel.

## LA DÉSHUMANISATION

C'est la première des peurs que suscite l'intelligence artificielle. De fait, nos premiers contacts avec ce que nous appelons « intelligence artificielle » sont peu engageants : des formulaires à remplir sur Internet, le casse-tête des codes qu'on oublie et qu'on se fait renvoyer par mail pour les modifier, ces horripilants serveurs vocaux interactifs qui nous demandent de taper 1, 2 ou 3 quand nous préférerions de loin taper sur la standardiste lorsque, au bout d'un quart d'heure d'attente à subir en boucle l'intégrale de Richard Clayderman, elle nous apprend que c'est un autre numéro que nous aurions dû appeler. Bref...

Même avec des formulaires très ergonomiques, cela reste une informatique de base dépourvue de toute intelligence artificielle. De plus, la déshumanisation vient avant tout des supports employés (téléphone, écran, site Internet, etc.). Ce sont eux qui portent en eux la déshumanisation. Une machine humanisée trouverait sans doute davantage grâce à nos yeux que nos pauvres outils de communication actuels.

En fait, le fantasme de la déshumanisation réside dans la croyance que la machine puisse un jour remplacer l'être humain. Mais cela reste un fantasme, puisque la machine ne possède aucune des capacités pour y parvenir. Le risque est ailleurs : parce qu'elle est stupide et parce que nous lui aurons donné tous les pouvoirs, la machine pourrait finir par nous asservir au nom des valeurs que nous aurons définies et des pouvoirs que nous lui aurons confiés. En matière de santé, la traçabilité que nous aurons instaurée sur le parcours de soins, de même que tous les repères des capteurs qui nous suivront, remonteront à une intelligence artificielle procédurale et restreindront fatalement notre espace de liberté jusqu'à un point de non-retour.

Le risque majeur de l'intelligence artificielle telle que nous la concevons est en effet de donner aux capteurs qui nous surveillent et aux machines qui en interprètent les données le pouvoir de nous évaluer et d'enfermer chacun de nous dans des *clusters*[1]. Ce confinement nous rendra aisément étiquetables, manipulables, donc redevables selon les standards de la société. Cette déshumanisation qui nous fait peur recouvre en fait un risque d'asservissement.

## LE RISQUE ZÉRO

Notre monde souffre également d'un mal inexorable : l'obsession du risque zéro. Exacerbée par les avancées extraordinaires de la technologie et relayée par les médias, cette quête insensée d'un monde d'où tout danger serait écarté nous fait croire que le risque zéro est possible et à notre portée. Ainsi, on pourrait prévoir dès la naissance toutes les maladies qui nous menacent (médecine prédictive), on serait en mesure d'éviter le développement des pathologies grâce à la prévention et on pourrait, avec une batterie d'examens sophistiqués, dépister sur-le-champ aussi bien tous les accidents aigus (infarctus, accidents vasculaires, maladies infectieuses, etc.) que les cancers de tout poil et la décompensation de maladies chroniques (diabète, hypertension, BPCO, etc.).

Notre monde moderne vit dans un mélange d'angoisse et de refus névrotique de la mort ! Alors on fait tout pour échapper à cette issue fatale : on

1. Inspiré du *cluster* informatique (grappes de serveurs sur un réseau), ce terme désigne une catégorisation des individus que l'on rattache à un objet : par exemple, tous les individus ayant eu un cancer du poumon.

fonce aux urgences pour le moindre bobo, on effectue des tonnes d'examens biologiques ou d'imagerie qui se révèlent la plupart du temps strictement normaux, on se barde de capteurs destinés à surveiller le moindre dysfonctionnement de notre corps, on court comme des lapins parce qu'il faut faire de l'exercice physique, on dévaste les rayons des aliments bios non sans les soumettre consciencieusement aux applis de nos smartphones pour être certains de rester dans les clous de la courbe de Gauss, on envoie notre salive en Suisse pour obtenir notre génome et savoir de quoi demain sera fait. Et comme nous ne savons pas – dans les pays occidentaux du moins – gérer nos ancêtres, qui sont une image fantasmée de la mort qui nous attend (Alzheimer, démences, handicaps, etc.) et que nos modèles économiques ne peuvent supporter (une personne médicalement dépendante coûte en moyenne le double de ce que gagne une personne active), nous déléguons aux machines (capteurs, intelligence artificielle) le rôle d'en prendre soin.

Il n'y a rien de blâmable en cela, c'est le reflet de notre époque. Et la prévention reste la meilleure arme contre les maladies. Mais nous n'en confions pas moins à « l'intelligence artificielle » le soin de décrypter toutes ces données, comme si elle était miroir magique de la sorcière de Blanche-Neige !

En fait, asymptotiquement, nous donnons à l'intelligence artificielle le pouvoir de lutter contre notre propre mort. Et cela nous fait peur, car elle nous rend tangible, ce que nous tentons d'occulter.

## LA PRÉVENTION NON-SENS

La prévention est la meilleure des thérapeutiques puisqu'elle évite de tomber malade (prévention primaire), de retomber malade (prévention secondaire), ainsi que les complications dues au handicap que la maladie a créé (prévention tertiaire). Cela permet de repousser les frontières de la maladie et de vivre le plus longtemps possible en bonne santé. Toutefois, si l'on pousse le raisonnement à ses extrémités, on peut se demander si cette prévention tous azimuts ne contient pas le germe d'une déraison profonde. Je m'explique.

L'intelligence artificielle issue des *big data* va de toute évidence créer des corrélations entre les données sur de vastes échelles de temps et de population. Chaque pathologie chronique susceptible de bénéficier de la prévention se répartit selon une courbe en cloche (la courbe de Gauss).

Pour donner une image parlante, le maximum de la courbe de Gauss pour les accidents de ski se situe entre 15 et 50 ans, les nourrissons et les vieillards en étant *a priori* exclus – et pour cause. À l'inverse, les infarctus sont prédominants à partir de l'âge de 50 ans, les enfants et les adultes très jeunes en étant exclus. On peut donc, selon les âges et les pathologies, se trouver dans une zone de risque plus ou moins important. Or, plus on approche de cette zone, plus on coûte cher à la société (maladies, indemnités journalières, handicap, etc.). Et plus on vieillit, plus on coûte cher !

D'un simple point de vue économique, il est donc logique de penser que la prévention ciblée selon les populations n'est pas une ineptie. Et que garder le plus longtemps possible les personnes en bonne santé résout à la fois leur souffrance, la surconsommation médicale et l'équation économique.

La première question qui se pose est de savoir, au cas où la prévention se révélerait totalement efficace, comment la planète pourra nourrir cette armée de « vieillards tonitruants[1] » qu'elle aura créés ?

La seconde est de savoir où placer le curseur statistique. Là, les chiffres perdent de leur sens si on ne les rattache pas à la vie réelle. Que veut dire « bonne santé » ? Ce qui est acceptable en matière de souffrance pour l'un l'est-il pour l'autre ? La volonté de mourir n'est-elle pas aussi légitime que la volonté de vivre ?

> *J'ai pu voir récemment l'ordonnance d'une femme de 90 ans, handicapée par les maux de son âge, marchant avec une canne, vivant seule, ayant perdu toute sa famille, dans un local à la limite de l'insalubrité en raison de sa faible retraite. Elle recevait à titre préventif des statines qui lui donnaient des douleurs musculaires, ainsi que des antihypertenseurs aux multiples effets secondaires. Tout en faisant le renouvellement de son ordonnance, son médecin traitant étant absent, je me suis demandé si je ne participais pas à la poursuite d'une prévention absurde.*

Si l'intelligence artificielle n'existait pas, on pourrait rester au stade de la réflexion épistémologique et philosophique, et continuer à agiter ces

1. « Vieillard tonitruant cloué à la Grande Ourse ! », comme l'a chanté Jacques Brel dans sa chanson « Vieillir », dont voici le refrain : « Mourir, cela n'est rien, mourir, la belle affaire ! Mais vieillir ? Oh vieillir ! »

questions sans fondement. Mais le changement colossal que l'intelligence artificielle a introduit dans tous les pans de la société et de la médecine oblige à reformuler ces questions. Si c'est bel et bien l'intelligence artificielle qui fixe la place du curseur, qui donc aura le droit de vivre ou la nécessité de mourir, et inversement ? Nous serons alors sous la coupe d'un Big Brother chargé de nous protéger malgré nous. Notre vie risque de n'être plus qu'un gigantesque parcours de prévention dont le but sera de réguler nos existences, de déterminer dès la naissance les risques génomiques que nous encourrons et de repousser un peu plus loin les frontières de la mort.

## LE TRANSHUMANISME

Ce concept, qui remonte aux années 1970 et a été revivifié il y a dix ans dans la Silicon Valley, envisage l'utilisation de la technologie pour que l'être humain vive plus longtemps et en meilleure santé tout en augmentant ses capacités intellectuelles, physiques et émotionnelles. Il s'agit donc d'aboutir à un être humain augmenté vivant mieux et plus longtemps. Cette logique séduisante repose sur quatre piliers réalistes dits « 4P[1] ».

- **Médecine prédictive :** la connaissance du génome nous permettra de prédire au niveau individuel les chausse-trappes qui nous guettent (maladies dégénératives, cancers génétiques, prédispositions familiales, maladies transgénérationnelles; etc.).
- **Médecine préventive :** grâce au génie génétique, il sera possible de réparer les erreurs dans le code génétique à l'origine de ces maladies.
- **Médecine personnalisée :** grâce à la connaissance que nous aurons de nos facteurs de risques et de nos susceptibilités personnelles (allergies, antécédents.), et à une prévention personnalisée, chaque patient deviendra un individu à part entière et non une pathologie porteuse d'un numéro.
- **Médecine participative :** cela existe déjà avec les communautés de patients, les forums et l'accès partagé à l'information.

1. Pour médecine « prédictive, préventive, personnalisée et participative ».

À cela s'ajoutent d'autres outils technologiques comme les capteurs externes et les biocapteurs implantables, une instantanéité de la transmission des données (la 5G en est l'un des composants), l'intelligence artificielle pour interpréter les données (donc une puissance de calcul considérable, mais à notre portée), les imprimantes biologiques pour créer ou réparer des tissus ou des organes. Sans intelligence artificielle, aucun de ces piliers ni aucune de ces technologies ne peut fonctionner. En effet :

- la connaissance du génome passe par des programmes d'intelligence artificielle qui font de la corrélation. Aucun cerveau humain ne peut prétendre se substituer à la numérisation du vivant gérée par la puissance de calcul des machines ;
- le génie génétique n'est possible que grâce à des techniques d'intelligence artificielle ;
- prétendre créer des *clusters* pour y enfermer des patients et les en extraire un par un afin de les caractériser ne peut se faire sans intelligence artificielle ;
- caractériser les données et les rendre échangeables ne peut se faire sans des intelligences artificielles symboliques et des intelligences artificielles connexionnistes coopérantes et de haut niveau.

Dans cinq ans, toutes ces techniques seront opérationnelles et disponibles. Le transhumanisme est en marche et la dérive qu'il porte en lui pointe son nez. La « mort de la mort » est une tentation de démiurge qui pose un problème. En effet, pour y parvenir, il faudrait un contrôle permanent afin de rester dans les normes considérées comme optimales et de faire en sorte de tous les paramètres de la médecine 4P qui gouvernent une bonne santé permettent de vivre jusqu'à deux cents ans ! On peut raisonnablement penser que seule une élite financière pourra en bénéficier dans un premier temps, puis que l'accès des classes moins aisées se fera progressivement dans un second temps. La question de la maintenance de ces vieillards augmentés va se poser. Et même en admettant que des guerres civiles meurtrières ne surviennent pas, de quoi l'être humain va-t-il mourir puisqu'il sera devenu réparable en totalité ?

En changeant la place de la mort dans nos vies, le transhumanisme nous fait peu à peu quitter notre condition humaine pour nous amener à un posthumanisme glaçant. Et comme ce monde ne pourra perdurer sans un monde 4.0 omnipotent, nous serons devenus des esclaves condamnés à vivre par les machines froides et sans affect que nous aurons créées.

Est-ce le monde que nous voulons ? Si ce n'est pas le cas, la prévention sans conscience et une médecine 4P totalement opérationnelle ne sont-elles pas des tentations déraisonnables ?

Le vrai risque de l'intelligence artificielle en médecine n'est donc pas la déshumanisation que l'on craint mais la transhumanisation que l'on ignore.

# Les vrais bénéfices de l'intelligence artificielle

Les technologies de l'intelligence artificielle créent une révolution copernicienne, et donc une crise potentielle. L'idéogramme chinois de la notion de crise est « un pas en avant ». Et si l'on reprend cette image, le rapport bénéfice/risque dépend de l'endroit où l'on pose le pied. Les bénéfices sont en relief tout ce que les risques présentent en creux.

## LA PERTINENCE

La médecine moderne a obtenu des succès incontestables, à la fois grâce aux techniques, qu'elles soient diagnostiques ou thérapeutiques, aux médicaments et à la simple hygiène de vie. Mais les échecs restent encore nombreux, en particulier l'antibiorésistance, les maladies de surcharge liées au mode de vie, les maladies génétiques, les cancers et les maladies dégénératives. Une médecine 4P conduite avec lucidité et éthique – à la lumière de ce qui a été dit précédemment sur la prévention – permettra sans doute peu à peu de réduire ces échecs. Mais l'acteur central de la médecine sera toujours le médecin, qui reste un être humain soumis au risque d'erreur, ce qui rend la relation médecin-patient et son succès très « opérateur-dépendant ». Nombre de décès ou de complications évitables, en urgence ou non, sont liés à un manque de discernement tant du côté du médecin que du patient, d'ailleurs.

Un système expert d'aide à la décision, ce que j'appelle la « régulation citoyenne », doit permettre au patient d'optimiser son discernement et sa réactivité face à ses maux, afin qu'il devienne le premier lanceur d'alerte de sa propre santé. Les systèmes experts du type MedVir, tant en France qu'à l'international, se comptent sur les doigts d'une main. Pourtant, accessibles à toute la population sur tout support (smartphones, ordinateurs, tablettes, bornes interactives, centres d'appels téléphoniques, robots, etc.), ce type d'outil diminuerait l'encombrement des urgences et du 15.

Du côté du médecin, les aides à la décision et à la prescription lui permettront d'éviter certaines errances diagnostiques, voire certaines erreurs thérapeutiques. De la même façon, les protocoles thérapeutiques, qui sont indispensables pour canaliser un traitement et qui sont de simples algorithmes, manquent terriblement de finesse, d'humanité et de rapport au réel. L'intelligence artificielle, en prenant en compte des éléments simples de la vie du patient, en particulier ceux qui concernent l'observance et la dépendance, permettra aux protocoles thérapeutiques de coller au réel. L'intelligence artificielle peut répertorier toutes ces composantes et placer chaque patient dans un *cluster* répondant à une démarche éthique afin qu'il puisse bénéficier de soutien (rappels par des infirmières, piluliers électroniques, soutien psychologique, information, etc.).

## L'ÉCOUTE

Elle peut être naturelle, certains médecins étant doués de cette capacité, ou acquise grâce à un enseignement. La médecine narrative fait partie de l'écoute du patient. C'est une compétence qui permet de « reconnaître, absorber, interpréter et être ému » par les histoires des maladies des patients. Cette technique enseignée depuis 2009 à l'université Paris-Descartes a été inaugurée dès les années 2000 par Rita Charon, jeune interniste de l'université de Columbia aux États-Unis. La plainte du patient s'inscrit dans une histoire qui est la sienne et qui est assimilable au genre littéraire romanesque. Ainsi, les maux du patient s'inscrivent-ils dans une continuité, ce qui n'est pas sans rappeler les consultations de médecine psychosomatiques du docteur Pierre Marty. Cette lecture introduit le médecin dans une vision littéraire du patient et suscite en lui des réactions émotionnelles qui ne lui feront plus considérer la seule maladie, mais d'abord la personne atteinte de cette maladie, de la même façon que dans un roman on ne s'intéresse aux faits que parce qu'ils sont vécus par des personnages.

Il est possible de faire très simplement une lecture à la fois objective et émotionnelle de la plainte du patient grâce à l'intelligence artificielle. Le principe est simple : le patient vient à l'hôpital pour une plainte quelconque. On l'enregistre en lui laissant tout le temps nécessaire pour parler sans être interrompu, voire sans être écouté ni observé. Le fichier son extrait de son récit est transformé en texte grâce à des logiciels de *speech-to-text* de type Dragon. Ce texte est soumis à un chatbot intelligent doté d'un vaste glossaire qui recoupe les plaintes exprimées par de très nombreux patients et dont chaque expression a été reliée à un symptôme bien identifié.

Par exemple, dans la phrase « En sortant de chez moi j'ai buté sur une marche, je me suis cassé la gueule dans l'escalier et je me suis tordu la cheville », la machine ne retiendra que les mots « cassé la gueule » et « tordu la cheville », qu'elle traduira par « chute », « choc » et « mal à la cheville ». Ces symptômes seront soumis à MedVir qui fera un interrogatoire et soupçonnera soit une entorse, soit une fracture, et qui aura vérifié au passage que la chute et le choc n'ont pas entraîné de perte de connaissance. On disposera alors d'un verbatim, celui du patient, d'un interrogatoire complet, d'hypothèses diagnostiques et d'une évaluation de la gravité de la situation. La confirmation par l'hôpital du diagnostic permettra de façon automatisée par *deep learning* de considérer que ce verbatim avait du sens pour aboutir au diagnostic. La somme de ces discours ayant du sens, fournie à un système de fouille de données, permettra sans la moindre intervention humaine de collecter des bouts d'histoire et de les rattacher à une observation médicale.

Cette capacité virtuelle d'écoute que peut fournir l'alliance d'une intelligence artificielle symbolique et d'une intelligence artificielle connexionniste permettra d'explorer l'univers mental des patients et les représentations qu'ils se font de leur plainte et de leur maladie. Les résultats pourront servir d'enseignement pour les futurs médecins. Ils pourront également être utilisés sur le terrain pour « pré-écouter » la plainte des patients avant même qu'ils ne soient pris en charge par les permanenciers du 15 afin de déterminer, parmi les mots et expressions utilisés, ceux qui « par expérience de la machine » ont révélé un caractère urgent ou grave.

*L'histoire est terrifiante. Le 29 décembre 2017, à 11 heures du matin, Naomi Musenga, 22 ans, appelle les pompiers de Strasbourg pour une douleur abdominale très violente. Elle dit qu'elle va mourir, qu'elle a de la fièvre et que sa douleur est insupportable. Un certain flou entoure les faits. L'opératrice des pompiers met en doute la réalité de l'urgence et en informe sa collègue, l'ARM (aide à la régulation médicale) du Samu. Celle-ci prend alors Naomi en direct. L'enregistrement d'une minute trente est glaçant : non seulement la plainte de Naomi n'est pas prise au sérieux, mais l'inhumanité de la prise en charge est profondément choquante. Inhumanité dont les réseaux sociaux se sont emparés. L'ARM conseillera à Naomi d'appeler SOS Médecins ou son médecin traitant. Naomi est morte quelques heures plus tard, après que SOS Médecins l'a fait transporter en urgence.*

## L'EMPATHIE

La formation scientifique dispensée depuis les années 1970 aux étudiants en médecine a créé une génération de praticiens enclins à soigner plutôt la maladie que le patient. Cette distanciation face au corps du patient et à sa souffrance, couplée à une nécessaire objectivité et à une absence de formation psychologique, historique (histoire de la médecine) ou comportementale, a favorisé l'émergence de monstres froids dont de très nombreux patients se plaignent. L'inhumanité ordinaire n'est pas le fait de la machine, elle est d'abord le fait des médecins, dont certains se comportent sans la moindre empathie ni la moindre humanité.

*1 heure du matin. Deux personnes discutent dans une voiture dont les inscriptions ne laissent aucun doute sur leur qualité de médecins. Une femme cogne à la vitre, l'air désemparé : « Vous n'auriez pas un cachet à me donner ? » Le médecin baisse la vitre et lance : « Vous n'avez qu'à aller à la pharmacie acheter de l'aspirine. » Et il remonte la vitre. Inhumanité ordinaire.*

L'empathie est le carburant de l'effet placebo. Lorsque le patient se sent écouté, et qu'il perçoit en retour de l'exposé de sa plainte un sentiment d'empathie, il active naturellement dans son cerveau le circuit de la récompense[1].

---

1. Réseau de connexions qui relient des groupes de neurones situés en deux points précis des deux hémisphères et servant à renforcer certains de nos comportements (alimentaires

Guérir ne sera plus seulement son objectif, mais ce sera aussi la récompense qu'il va accorder au médecin. Et plus l'empathie du médecin est puissante, plus le patient se sentira obligé de guérir, comme si, comme si par ce don fait par le médecin, il contractait une dette morale dont il doit s'acquitter par sa guérison. De ce cercle vertueux va naître toute l'alchimie de la relation médecin-patient. Pour le médecin, se priver de cette capacité, c'est priver le patient d'une possibilité de hâter la guérison, voire de mettre en place un processus d'autoguérison.

On peut se demander en quoi l'intelligence artificielle peut combler ce vide, cette absence d'empathie dans la tête de certains médecins. En fait, c'est d'ici à une dizaine d'années qu'il faut imaginer ce que l'intelligence artificielle aura changé : le médecin augmenté sera largement soutenu voire remplacé par les machines dans tous les compartiments qui étaient les siens auparavant – recueil de l'anamnèse, suspicion des diagnostics par l'interrogatoire, examen clinique grâce aux capteurs manipulés par un non-médecin, prescription et interprétation des examens, prescription du traitement et suivi thérapeutique. L'intelligence artificielle l'aura finalement peu à peu dépossédé de tout ce qui faisait sa spécificité et ses lettres de noblesse.

Par contre, ce que la machine ne pourra jamais faire, parce qu'elle restera longtemps stupide et toujours dépourvue d'humanité, c'est comprendre la plainte au travers d'une médecine narrative et empathique. Mais c'est aussi négocier l'acceptation des diagnostics par le patient. C'est enfin l'annonce, parfois terrible, celle qui noue le ventre du médecin et assomme le patient, et surtout le suivi et l'accompagnement, qui ne peuvent se faire sans une profonde humanité.

Le vrai bénéfice de l'intelligence artificielle sera donc bien de réhumaniser la médecine et les médecins, et de renforcer la relation médecin-patient.

---

ou sexuels, en particulier). Le principal neurotransmetteur en charge du circuit de la récompense est la dopamine, plus poétiquement appelée la « molécule du plaisir ».

# Les conditions du succès

Le monde dans lequel nous vivons est celui de la médecine 3.0 où trois acteurs principaux sont en jeu : le médecin, le patient et les machines. Mais derrière les machines et tout le système de santé, il y a des acteurs cachés : les industriels qui les construisent et qui doivent récupérer leur investissement, les pouvoirs publics qui doivent assurer au contribuable les meilleures conditions pour le maintien d'une santé publique d'excellence et l'assureur, public ou privé, qui en assure le financement aux côtés de l'État. Un succès, c'est donc une situation idéale dans laquelle chacun trouve son compte. Trois mots doivent préexister à cette démarche : la conception humaniste, la co-construction et l'éthique.

## LA CONCEPTION HUMANISTE

« Science sans conscience n'est que ruine de l'âme. » Cette phrase de François Rabelais était prophétique. Et elle l'est d'autant plus que la connaissance et la science ne font que progresser. Explorer l'intelligence est un voyage extraordinaire au centre de nous-mêmes, une sorte d'introspection ultime où l'on pense trouver les clefs de nos comportements, de nos émotions et de nos facultés intellectuelles. La tentation est grande de repousser sans cesse les limites et de créer une entité « à notre image et à notre ressemblance ». Donc, en réalisant cet être si semblable à nous, de devenir en quelque sorte Dieu, au sens biblique. La question qui doit présider à cette exploration me semble être : « Ce que j'imagine, est-ce pour le bien de l'humanité ? » Il y a là une interrogation universelle qui dépasse la morale et donc la seule réflexion éthique.

# LA CO-CONSTRUCTION

La co-construction est une évidence. L'échec retentissant du DMP est lié à l'absence de co-construction. L'administration, en confiant aux seuls informaticiens la réalisation de cet outil, a commencé par couper les ponts avec le réel en éliminant médecins et patients. Elle a ainsi scellé la mort de ce beau et indispensable projet. Non seulement les médecins l'ont boudé parce qu'ils n'y avaient pas été associés, mais ils l'ont pour la plupart torpillé, rien n'ayant été fait pour leur fournir un outil convivial qui leur permettrait de remplir le DMP sans perte de temps et en évitant la double saisie avec leur logiciel de gestion e-cabinet Quant aux patients et à leurs aidants, n'ayant que la possibilité d'y mettre des données autorisées et bien éloignées de leurs préoccupations, ils ne l'ont tout simplement pas rempli. Malgré tous les effets d'annonce, ce DMP est avant tout un « dossier mal pensé ».

Un dossier, ce n'est pas seulement un ensemble de documents classés par date et par spécialité. C'est d'abord et avant tout l'histoire racontée par le patient lui-même, par son entourage et par les médecins qui le suivent.

J'ai demandé à plusieurs personnes de mon entourage de me raconter oralement leur vie sous l'angle de leur santé et des souvenirs qu'ils en avaient. Certains, pourvus d'un solide sens de la synthèse, ont pu le faire en moins de cinq minutes. Certaines dates erronées, certains faits inexacts, certains oublis parsemaient l'enregistrement, mais tout y était, tel que le patient l'avait ressenti. Pour d'autres, l'enregistrement était parsemé de blancs, avec une pensée plus erratique, une difficulté à séquencer les événements ou à en extraire les éléments saillants. C'était plus long, plus laborieux mais, grâce à quelques questions, tout y était également.

Si l'on avait laissé le patient exprimer avec ses mots, dans l'ordre ou dans le désordre, ses souvenirs plus ou moins exacts, il se serait approprié son dossier, qui retraçait sa propre histoire. Et si le médecin avait recadré avec le patient ce récit initial, il se le serait approprié également. Hélas, ce sont des informaticiens qui ont constitué des dossiers sans la moindre chair, sans la moindre histoire à raconter, avec seulement des sous-dossiers, des dates et des données.

*Le docteur Arnaud Delaye, durant ses trente années d'exercice à SOS Médecins, a noté consciencieusement sur un carnet les symptômes de tous les patients qu'il a visités, avec ses hypothèses diagnostiques auxquelles il a ajouté des impressions ou des réflexions liées au lieu de vie. Cela représente près de 250 carnets et un peu plus de 100 000 patients différents Tout cela avec la date et l'heure. Une vie de médecin et des vies de patients ! De vrais dossiers ! Et finalement de vraies histoires car, des années après, grâce à ces quelques éléments, il est capable de retrouver dans sa mémoire les bribes de ces visites sans lendemain.*

Construire une intelligence artificielle implique de fabriquer des applications collaboratives patient-médecin inter-reliées et communicantes, en partant des besoins réels des usagers et non de l'idée que s'en fait le monde administratif. La France est coutumière du fait : elle a défendu son Minitel contre Internet et le Bi-Bop contre les premiers téléphones portables. Ces fiascos, dont le DMP fait partie, sont dus à un pilotage à la fois aveugle et minimaliste des décideurs. Il manque une véritable politique de soutien de l'innovation aux initiatives privées et citoyennes par l'État. À l'agilité et au pragmatisme, on a préféré la lourdeur et le dogmatisme, d'où les échecs successifs que nous perpétuons, alors que la France est l'un des pays les plus inventifs au monde.

## L'ÉTHIQUE

Rien ne pourra être valablement construit dans le domaine de l'intelligence artificielle si l'on ne met pas l'éthique au centre de la réflexion. On parle davantage de « réflexion éthique » que d'« éthique » : chaque profession, chaque personne a une éthique qui lui est propre et qui repose sur sa morale. À l'échelle de la société, la morale dépend de la culture et des habitudes de vie ; chaque société possède donc ses règles éthiques qui ne sont pas forcément transposables d'une culture à une autre.

On voit trop, dans le domaine de l'intelligence artificielle, des applications ou des logiciels dont l'unique but est de développer une idée, de monter une start-up et de la vendre le plus vite et le plus cher possible. Il n'y a rien d'immoral à cela, et le condamner serait un jugement de valeur. Mais répondre à un besoin n'est pas forcément une démarche éthique et peut aboutir à des paradoxes. Si, grâce à une intelligence artificielle, on facilite l'accès du tabac aux fumeurs dépendants, on répond à leur besoin, mais ce n'est sans doute pas pour leur bien. À l'inverse, l'industrie du tabac emploie des milliers de gens et remplit les caisses de l'État. Va-t-on s'en plaindre ? Favoriser les besoins des fumeurs améliore les finances de l'État et crée des emplois. Faciliter l'accès au tabac deviendrait-il alors une démarche éthique ? La question est de savoir si finalement la somme des bénéfices dépasse la somme des inconvénients.

Autre difficulté, l'éthique scientifique se fonde sur une démarche qui est le respect de règles et de protocoles opposables permettant d'approcher une « vérité scientifique » ; les notions de preuve, de transparence et d'honnêteté (absence de conflits d'intérêts) sont des valeurs éthiques. Or, en ce qui concerne des sujets sensibles comme le statut de l'embryon, le clonage ou les OGM, l'éthique scientifique n'est pas superposable à l'éthique dont on se réclame au nom d'une religion ou des valeurs d'une société, par exemple. L'intelligence artificielle, très proche du monde scientifique, mais également proche de la sociologie, des sciences cognitives, de la linguistique et des sciences humaines en général, se trouve confrontée à cette même difficulté. L'impossibilité de faire coïncider des démarches éthiques appartenant à des domaines différents rend donc toute normalisation impossible. On ne peut répondre à la question « Le transhumanisme est-il une démarche éthique ? » si l'on n'a pas défini au préalable ce qu'était la condition humaine et envisagé quel peut être le meilleur destin pour l'humanité. Les visions du *Meilleur des mondes* d'Aldous Huxley étaient, il y a cinquante ans, considérées comme le monde vers lequel il ne fallait pas tendre. Le film *Soleil vert* a posé clairement, et par une description glaçante, la question de l'euthanasie, mais l'évolution de la société en un demi-siècle a fait considérablement bouger les lignes sur ce sujet avec le droit de mourir dans la dignité.

Nous ne pouvons donc envisager une réflexion éthique sur l'intelligence artificielle tant que nous ne saurons pas précisément décrire le monde que nous estimons moral et bénéfique pour l'humanité.

## UN CONCEPT À CONSTRUIRE

La question de l'éthique est centrale, cruciale, et constitue le dernier rempart de l'humanité face à la puissance des machines. L'éthique est contingente de la morale de la société. Ce qui n'était pas éthique à une époque peut le devenir à une autre, parce que les règles morales de la société ont bougé.

Les leviers de la morale ne sont pas si nombreux : ce sont essentiellement les avancées techniques, qui rendent aujourd'hui possible ce qui ne l'était pas hier, mais aussi les rapports humains au sein de la société et les facteurs économiques. Ces trois variables pèsent lourdement sur ce qui définit les normes, les droits et les devoirs, dont la loi tente de se porter garante et qui constitue la « déontologie ». Je dis « tente », car la réflexion éthique est généralement rétrospective (on établit des jurisprudences une fois que sont apparus les préjudices) et non prospective (anticipant des règles pour éviter les préjudices). L'éthique médicale est définie par quatre valeurs : la bienfaisance, la non-malfaisance, la justice et l'autonomie. Ces valeurs sont mesurables grâce la réponse à des questionnements : telle action est-elle éthique et pourquoi ? Sans doute est-ce le premier pas à franchir pour une évaluation du comportement éthique des machines et des systèmes d'information.

Dans le domaine de la e-santé et donc de l'intelligence artificielle, qui en fait partie, il est assez difficile de proposer une modélisation simple de ce qu'est l'éthique. Si l'on compare la e-santé à une voiture en mouvement, les roues seraient d'un côté les patients et de l'autre les professionnels de santé, avec une interaction forte et structurée – la relation médecin-patient. Pour que ce véhicule avance, il lui faut un moteur : ce sont les systèmes d'information, les algorithmes et les pratiques. Le moteur ne peut démarrer sans essence : ce sont les données de santé. Mais il lui faut aussi de l'oxygène, c'est-à-dire des finances : des investissements et des revenus liés à l'usage. Ce moteur génère de l'énergie qui fait avancer la voiture mais qui produit également des data (*small*, *big* et *smart*). Le but, c'est la destination, donc l'objectif : diagnostic, décision, traitement, guérison, prévention, qui sont tous les enjeux de la relation médecin-patient. Au final, l'éthique c'est la route qu'emprunte la voiture pour y parvenir.

Si l'on prend cette modélisation – très imparfaite, mais qui permet de fixer les idées –, quelques éléments saillants émergent : les données de santé, ce sont des éléments de la vie réelle du patient (l'histoire de sa maladie et de ses symptômes, ses « constantes », ses résultats d'analyse et d'imagerie, les traitements qu'il a eus et le suivi déjà effectué). Toutes ces données sont possiblement erronées, incomplètes ou sujettes à variation. Ce sont les données de la vie réelle. Elles sont clairement à distinguer des *data*, données de la vie réelle qui ont été digérées par un système d'information et réparties dans des cases pour permettre aux différentes machines d'échanger ces informations sur le patient. Ces *data* nourrissent d'autres machines qui vont les classer, les hiérarchiser et les structurer. Ce sont elles qui permettent au moteur de la voiture de s'adapter, d'apprendre et de mieux comprendre l'écosystème. Mais entre les données et les *data*, il y a un processus qu'on pourrait appeler la « digestion informatique » et qui introduit sa part d'erreur et de simplification excessive.

Je reprends l'exemple d'un patient dont la plainte est : « J'ai une migraine. » Cela peut vouloir dire que la personne a été diagnostiquée comme souffrant de migraines et est ici exposée à un nouvel épisode. Ou bien que, en ce moment, le patient a mal à la tête et met cela sur le compte d'une migraine déjà diagnostiquée ou sur le compte de ce qu'il pense être une migraine. Autre hypothèse, « migraine » est le mot que le patient utilise pour désigner un mal de tête. Cet exemple tout simple montre que, sans un professionnel de santé ou une intelligence artificielle forte, cette donnée ne peut être qualifiée. Et si la machine transforme par simplification cette donnée en *data*, elle va fabriquer du non-sens. Les *big data* sont donc, de mon point de vue, une machine à fabriquer du non-sens. Et la question qui se pose immédiatement est donc : est-ce éthique ? En effet, si l'on peut considérer que la démarche de la machine est éthique au regard de la justice et de l'autonomie, elle ne l'est pas au regard de la bienfaisance (venir en aide au patient) et de la non-malfaisance (ne pas se tromper sur le sens du mot « migraine »).

En se limitant à cet exemple, qui est le quotidien des professionnels de santé dans la relation avec leur patient, il est clair que si la machine ne comprend pas le sens de la plainte du patient, sa démarche n'est pas éthique. Pour qu'elle le devienne, la machine doit comprendre le vocabulaire du patient dans toute sa diversité et le rattacher à une ontologie des symptômes. La question des ontologies est absolument essentielle, car si les informations véhiculées sont entachées d'erreurs ou d'approximation, la machine n'aura pas l'intelligence suffisante pour rétablir le sens de la donnée.

Voici un autre exemple : vous faites une prise de sang dans un laboratoire à Montpellier et, un mois plus tard, le même examen à Paris. Entre ces deux prises de sang, il existe une variabilité qui n'est pas due aux seules variations de votre état de santé, mais qui est liée à l'étalonnage des machines – dont les normes sont assez fluctuantes. On ne peut donc juger de la valeur exacte d'une donnée s'il n'y a pas un référentiel commun (conditions de recueil, étalonnage des machines, modèles d'analyse, etc.). La variabilité induit des biais et une difficulté à conférer à la donnée un statut certain. Est-il éthique de fournir des données non calibrées et non opposables d'un laboratoire à l'autre ?

Revenons sur l'anamnèse : lorsque le médecin pose une question sur les origines ethniques d'un patient, c'est parce que la réponse va l'orienter vers certains diagnostics plutôt que d'autres, et il pourra justifier la raison de cette question. Mais si c'est une machine qui pose cette question, elle doit pouvoir de la même façon en justifier la raison. Or les machines ne comprennent rien à ce qu'elles font. Dans ces conditions, est-il éthique de mettre en circulation une machine qui n'a pas de logique argumentative ou du moins explicative ?

## LES TROIS PRINCIPES ÉTHIQUES DE L'INTELLIGENCE ARTIFICIELLE

En 1942, Isaac Asimov a défini les trois lois de la robotique qui portent son nom. La réflexion qu'il a menée face au monde des robots peut être reprise pour l'appliquer à l'intelligence artificielle dans le domaine de la santé et de la médecine. Cette intelligence artificielle étant supportée par des machines, c'est bien sur leur statut dans le cadre de la relation médecin-patient qu'il faut axer la réflexion. Je propose donc trois principes.

- **Principe n° 1 : la relation médecin-patient est un sanctuaire inviolable.**

J'entends par là que les relations entre le patient et le médecin (et de plus en plus entre le patient et l'équipe soignante) ne peuvent être remplacées par des relations patient-machine. Cette dernière doit rester un outil intermédiaire, une aide, voire un acteur, mais en aucun cas elle ne pourra décider en lieu et place du médecin ni intervenir dans le processus thérapeutique autrement que comme fournisseur d'informations ou d'aide à la décision.

- **Principe n° 2 : toute machine intelligente doit rester contrôlée par l'homme[1].**

Ce principe garantit que le monde 4.0 ne pourra pas décider en lieu et place des autorités médicales de ce qui concerne le patient, sa maladie et son bien-être. Ainsi la machine ne pourra pas, comme elle le fait avec l'acceptation ou

1. Ce principe existe déjà en germe dans l'article 1 de la loi Informatique et libertés : « L'informatique doit être au service de chaque citoyen. » Cela reste toutefois insuffisant.

le refus d'un prélèvement sur notre compte en banque, décider de la prise en charge ou de la non-prise en charge d'un patient sur la seule foi de son intelligence artificielle, donc sans le recours à une intelligence humaine. La suprématie de l'intelligence humaine sur l'intelligence artificielle doit être gravée dans le marbre pour éviter des dérives dramatiques.

- **Principe n° 3 : toute machine qui dérogerait aux deux principes précédents doit être détruite.**

C'est sans doute sur ce troisième principe que la fêlure peut se créer insidieusement : les petits pas que les ingénieurs en intelligence artificielle effectuent chaque jour sont susceptibles d'écorner insensiblement ce qui est admissible sur le plan éthique à un instant donné (le moment que vit la société). C'est inévitable, puisque les inventions précèdent le plus souvent la réflexion éthique et que les lois anticipent rarement les découvertes et les inventions. Et il est difficile pour un inventeur de renoncer à son invention pour des principes éthiques !

## LA MISE EN ŒUVRE

Aucun principe éthique n'est applicable s'il n'est pas ancré dans la réalité de la société.

### La mutidisciplinarité

La co-construction entre tous les acteurs doit être une règle. Ne pas associer le patient, le médecin, les autorités de tutelle et le financeur à la construction d'une intelligence artificielle revient à en livrer les clefs à la seule imagination des ingénieurs qui la conçoivent. La création d'une intelligence artificielle doit donc être précédée par une réflexion associant patients et médecins, mais aussi assureurs, politiques, religieux, philosophes, etc. C'est le rôle des comités d'éthiques, qui permettent de fixer les limites à ne pas franchir au moment où la conception se fait.

### Un code source éthique

Le terme est un peu réducteur, la bonne formulation devant plutôt être « code source documenté par des commentaires visant à garantir le caractère éthique d'une procédure». En pratique, cela signifie que tout code source doit être documenté et doit expliquer les garde-fous éthiques qui ont été prévus au moment où il a été écrit. La notion de «code source éthique» a été développée en 2014 par Robert Cecil Martin[1], qui écrit dans un blog à l'intention des programmeurs: «*We rule the world.*» Ce qui peut se traduire par «Nous contrôlons le monde», mais qui peut également signifier «Nous écrivons les règles du monde», et donc «Nous écrivons les règles qui font fonctionner notre société».

## La formation des médecins

Pour être en mesure d'intervenir efficacement dans le débat, une formation informatique est indispensable. Elle doit donc se faire dès l'école, au même niveau que l'apprentissage d'une langue étrangère. Quant aux médecins, ils doivent bénéficier d'un enseignement sur l'intelligence artificielle dès le début de leurs études afin de pouvoir contribuer efficacement à la création d'une intelligence artificielle éthique.

Une formation humaniste des médecins, déjà souhaitable depuis de longues années, devient absolument essentielle. D'une façon plus générale, c'est l'ensemble des études de médecine qui devrait être revue. Le cursus devrait comprendre l'enseignement de l'histoire de la médecine que peu de médecins connaissent vraiment, et une formation poussée sur la relation médecin-patient sous tous ses aspects – psychologiques, comportementaux, épistémologiques, linguistiques et sociologiques. Une formation littéraire doit compléter l'étude des sciences fondamentales et médicales. «Ce que l'on conçoit bien, s'énonce clairement.» Le vieux principe de Boileau n'a pas pris une ride!

Lorsque l'on consulte des réseaux sociaux professionnels médicaux, on reste parfois pantois devant le niveau littéraire pitoyable de certains médecins: des fautes d'orthographe et de grammaire de niveau CM2, un vocabulaire souvent pauvre et, surtout, des manques de logique liés à une connaissance syntaxique approximative. On ne peut participer à la construction du

1. Membre leader du Software Craftsmanship Movement et auteur de plusieurs livres informatiques à succès, dont *Coder proprement*. Il a aussi été à l'origine du groupe qui a créé le Software Agile Development et a été rédacteur en chef de *C++ Reports* de 1996 à 1999.

monde qui vient si l'on n'est pas en mesure de maîtriser les outils littéraires nécessaires à sa conception.

## Repenser notre classification des maladies

Notre conception de la nosographie (la description et la classification des maladies) devrait être revue de fond en comble. La CIM10[1] liste plus de 17 000 maladies dont près de 10 000 maladies rares, ce qui correspond à l'empilement des maladies décrites ou découvertes au fil des années. Cette conception encombre le cerveau des étudiants et des médecins d'un savoir qui restera toujours parcellaire. L'idée d'une « approche syndromique[2] » a déjà été évoquée par le passé, mais la masse de connaissances à mettre en ordre dépasse nos capacités humaines. Pouvoir résumer une maladie et l'expression de cette maladie par un processus physiopathologique reposant sur des syndromes exprimés par une association de symptômes permettrait une simplification considérable de la pensée médicale et une amélioration de son efficacité. Une estimation rapide montre que ces 17 000 maladies pourraient être résumées en 2 000 syndromes maximum, les maladies n'étant finalement que la combinaison de plusieurs syndromes. Voilà un terrain d'application de rêve pour une intelligence artificielle !

La conséquence est que la classification des maladies telle qu'elle est conçue actuellement est réductrice à des cohortes de patients et non applicable à l'individu lui-même. C'est pourquoi, à mon avis, la progression de la connaissance de la complexité qui peut être obtenue grâce à l'informatique permettra de réduire la quantité de maladies à un nombre beaucoup plus restreint (2 000 à 3 000 peut-être). Par exemple, au lieu d'avoir 60 formes cliniques de méningites, chacune correspondant à une maladie distincte (méningite virale, méningite tuberculeuse, etc.), il y aura un seul et même « syndrome méningé », dont la variabilité dépendra à la fois de la cause (ce qu'on appelle l'étiologie), et de la variabilité individuelle.

Cette « pensée syndromique » permettrait de simplifier la conception que l'on a de la maladie, et de rendre cette base conceptuelle intégrable dans des

---

1. Classification internationale des maladies de 10e génération, qui liste l'ensemble des maladies et des syndromes.
2. Un syndrome est un ensemble de symptômes dont l'assemblage a été reconnu comme étant une entité (syndrome méningé, par exemple) et qui constitue le socle d'une maladie (la méningite).

programmes d'intelligence artificielle. Elle permettrait surtout de fournir aux futurs médecins un mode de réflexion normé et précis, et de soulager leur esprit de nombre de considérations inutiles que l'intelligence artificielle pourrait les aider à compléter. Faire un diagnostic de maladie rare est très satisfaisant pour l'ego du médecin, mais passer à côté d'une maladie évidente à laquelle il n'a pas pensé l'est un peu moins. L'intelligence artificielle est alors une formidable alliée.

## Un code d'e-déontologie

La création d'un code d'e-déontologie est une urgence, notre code actuel étant totalement dépassé par rapport aux enjeux de la e-santé. Il est de la responsabilité de l'Ordre des médecins de le faire évoluer.

Une étude du code de déontologie actuel, effectuée avec une carte mentale permettant d'analyser sa structure avec ses prérequis et ses conséquences, a montré que 63 % des 113 articles étaient dépassés suite à l'introduction des nouvelles technologies dans le quotidien de la médecine. La mise à plat de cet ancien code et la création d'un code d'e-déontologie est une urgence que le Conseil de l'Ordre des médecins commence à envisager. Faudra-t-il attendre les premiers procès et les jurisprudences qui en découleront pour que notre code de déontologie soit toiletté et réponde à l'évolution du monde d'aujourd'hui et de demain ?

## Les droits et les devoirs du citoyen numérique

D'une manière plus générale, les « droits et devoirs du citoyen numérique » devraient être établis. Nous ne pouvons faire abstraction de cette composante numérique qui s'infiltre dans de nombreuses parcelles de notre vie. Le simple fait d'utiliser un smartphone ou de circuler sous l'œil des caméras de surveillance nous oblige à reconsidérer notre existence et le moindre de nos faits et gestes comme un acte ayant des implications numériques, puisque les informations que nous fournissons à notre insu sont ingérées puis digérées par les machines.

On sait par exemple que le croisement de trois bases de données permet de retrouver nominalement toute personne dans le monde qui a été entrée à son insu ou de plein gré dans un système d'information numérique. Notre degré de liberté rétrécit de jour en jour. Nous avons pourtant des droits, notamment le droit à l'oubli. Mais nous avons également des devoirs, notamment avec tout ce qui a trait à la e-réputation d'autrui. Ces droits et devoirs devraient être inscrits dans la Constitution comme la « part numérique de notre liberté ».

## Le financement

Rien ne peut se faire sans financement. Les pouvoirs publics utilisent l'argent public pour créer des applications et financer les développements. Les industriels privés doivent investir et récupérer leur mise. La santé étant par principe quasiment gratuite en France et Internet d'accès libre, le grand public, à de rares exceptions près, ne veut pas payer pour des applications qui concernent sa santé. Face à cette exigence de gratuité, les industriels n'ont d'autre choix que de compter sur des partenariats avec des mutuelles ou des assurances – ce qui peut poser des problèmes éthiques – ou d'envisager un retour ultérieur sur investissement. L'eldorado qui se profile est celui des *data*, notamment des *big data*. À la fois parce que le *deep learning* a besoin des *data* pour se construire et que les systèmes experts ont besoin des data pour augmenter leur pertinence, les *big data* sont un carburant essentiel. Mais c'est également une source de revenus, car les *big data* qualifiées (appelées *smart data*), ça vaut de l'or ! Le problème qui se pose est celui de la propriété des données de santé et de l'utilisation qui en est faite, ce qui pose là aussi des questions éthiques. La réflexion a une double composante : est-il éthique de vendre, à des fins de rentabilisation, des données qui appartiennent au patient ? À l'inverse, est-il éthique de réclamer à un industriel de ne pas récupérer son investissement ? Cela pose la question de ce que j'appelle la « monétisation éthique de la connaissance ». Cela fait partie du débat.

*J'assistais récemment une réunion au ministère de la Santé, où un gentil énarque de 26 ans, pérorant devant une assemblée d'industriels, leur affirmait sans rire et les yeux dans les yeux qu'il fallait que leur contribution à ce monde merveilleux en construction auquel ils apportaient leur énergie, leur savoir et leur argent soit gratuite ! Éclats de rire dans l'assistance...*

## La propriété des données de santé

La question de la propriété des données de santé est un problème éthique très clivant dont le spectre peut aller de la vision relativement protectrice des pays européens, jusqu'à la vision chinoise que les pays occidentaux ont du mal à qualifier, en passant par la vision libérale anglo-saxonne. En France, la propriété des données de santé a été fixée dans la loi Kouchner de mars 2002 : le patient est propriétaire de son dossier médical, par conséquent de ses données de santé, donc de son histoire médicale. Mais, de mon point de vue, le terme « propriété » est inadapté. Tout auteur d'un livre ne fait le plus souvent que reprendre une bonne partie d'idées et de formulations préexistantes à son œuvre, écrites par d'autres avant lui. Pourtant il est l'auteur, de la même façon qu'un rappeur utilisant des samples de musiques existantes peut prétendre être l'auteur de la musique alors qu'il n'a fait que reprendre des éléments musicaux réalisés par d'autres. De la même façon, l'auteur de nos chiffres de tension, c'est l'inventeur du tensiomètre, lequel repose sur les travaux de Mariotte au siècle des Lumières, travaux eux-mêmes inspirés par la découverte de Toricelli sur la pression atmosphérique. Chacun d'entre eux, en tant que participant à l'œuvre de toute l'humanité, peut se prévaloir en quelque sorte de ces chiffres tensionnels. À l'instar de ces maisons anciennes dont on se sent propriétaire mais dont on n'est qu'un occupant temporaire, nous ne sommes en fait que « dépositaires » de données. D'un point de vue éthique, on peut se demander si ces données n'appartiennent finalement pas à la communauté des êtres humains.

## Une charte éthique

L'idée d'une charte éthique est bien entendu dans tous les esprits et réclamée par les autorités de tutelle. Mais c'est un peu comme si l'on voulait poser le toit de la maison avant d'en avoir construit les murs ! Si l'on n'a pas fixé au préalable des principes éthiques et, surtout, si l'on n'a pas fourni une vision prospective de la condition humaine et de son devenir, il est illusoire de définir la moindre charte éthique ! Dans ces conditions, réduire l'encadrement de l'intelligence artificielle à une charte est une illusion dangereuse.

# Les pistes pour une véritable intelligence artificielle générale

On ne peut parler que de « pistes de réflexion » ou d'« esquisses », car l'intelligence humaine est sans doute indéchiffrable dans toute son acceptation intellectuelle, émotionnelle, physique, spirituelle et transcendantale. Et il est évident que ce qui va suivre n'est qu'une fable qui permet d'imaginer ce que pourrait être une intelligence issue d'une évolution biologique.

Comme on l'a vu au début de ce livre, notre intelligence humaine est le fruit d'un continuum qui remonte à la chaîne de l'évolution depuis ses origines. « La théorie de l'évolution au sens darwinien du terme est actuellement le meilleur cadre conceptuel que nous ayons à notre disposition pour comprendre rationnellement l'instabilité du vivant, pour penser un monde naturel essentiellement dynamique[1]. » Nous ne pouvons ignorer que nous sommes issus d'organismes très primitifs dont nous avons gardé des traces, même si celles-ci sont infimes.

On peut donc imaginer que, pour qu'une machine possède les mêmes capacités que notre cerveau humain, il lui faut deux choses : d'abord passer en accéléré par les étapes de notre évolution humaine, et surtout fonctionner non plus avec des composants électriques, mais avec des composants

1. Hervé Le Guyader, unité CNRS/UPMC/Inserm, cité dans *CNRS Le journal*, n° 227, décembre 2008.

biologiques. Nous serions donc confrontés en quelque sorte au mythe de Frankenstein.

## L'ORDINATEUR, SUPPORT DE L'INTELLIGENCE ARTIFICIELLE

À l'heure où nous sommes, il semble impossible de concevoir la moindre intelligence artificielle sans ordinateur. Or Pascal, avec sa pascaline, une machine mécanique inspirée des horloges, effectuait des calculs, donc des opérations intelligentes. Turing et bien d'autres ont donné à cette conception mécaniste une dimension révolutionnaire : une opération n'est pas le fruit de l'enchaînement de mouvements horlogers, mais le traitement d'une information (d'où le terme « informatique »). Et ce traitement de l'information passe par la lecture ordonnée d'un ensemble d'instructions organisées en programmes capables d'exécuter des opérations logiques et arithmétiques. On a pour cela utilisé le langage binaire (des 0 et des 1). Soixante ans plus tard, les principes n'ont pas changé.

Le terme « ordinateur » fut introduit par IBM en France en 1955 par des personnalités tombées dans l'oubli comme François Girard, responsable du service publicité d'IBM, son mentor Jacques Perret, professeur de lettres à Paris, et Christian de Waldner, président d'IBM France. L'« ordonnateur », « celui qui met en ordre », en référence au terme ecclésiastique « ordinant », donna naissance au mot « ordinateur ». On voit bien le glissement qui s'est fait entre le terme anglo-saxon *computer*, celui qui calcule, et le mot « ordinateur », celui qui ordonne. La pensée française d'ordonnancement a donné au *computer* une dimension supérieure, le sortant de la seule fonction de « calculateur » à laquelle le nom anglais semblait le confiner. La nuance est de taille : bien que l'intelligence artificielle utilise le support de ces machines, elle est, dans son cheminement sémiologique, plus proche de l'ordinateur que du *computer*, donc plus proche du sens de la donnée que de son calcul. C'est sur ce point que la culture européenne, en raison de son ancrage philosophique ancien, est sans doute mieux armée que la culture anglo-saxonne – fondée sur l'ancrage numérique – pour concevoir ce que sera l'intelligence artificielle.

Nos ordinateurs fonctionnent sur le principe binaire du 0 et du 1, et les ordinateurs quantiques actuels ne sont qu'une évolution de cette conception binaire. Entre le oui = 1 et le non=0, il existe une autre notion qui n'est pas située dans cet intervalle, mais dans le « peut-être ». Pour répondre à la question « Dieu existe-t-il ? », la machine oscillera de façon manichéenne entre le oui et le non, avec une infinité d'états de certitude entre ces deux bornes. « Peut-être » sort du cadre et n'est constitutionnellement pas inscrit dans la mécanique informatique. Les choses existent ou elles n'existent pas ! L'information n'oscille qu'entre le 0 et le 1, et ne peut envisager dans son traitement qu'une proposition puisse être autre que vraie ou fausse. Pour compenser ce carcan, on peut recourir à des artifices, par exemple en dotant les programmes de la possibilité de recourir à un nombre imaginaire *i*[1]. Cette convention permet de concevoir des représentations vectorielles à trois dimensions – un vecteur est par définition en deux dimensions. Le transistor, qui ne sait gérer que des 0 et des 1, est structurellement incapable d'« imaginer mécaniquement » une information en trois dimensions.

Cette conception de la machine est liée à la nature même de la matière telle que nous l'avons définie avec nos outils mathématiques : un électron dans un atome peut être défini parfaitement par une notion numérique constituée de 0 et de 1. C'est la façon numérique que nous avons d'observer le monde. Il est donc logique que les ordinateurs soient conçus comme des appareils effectuant un ordonnancement raisonné du monde.

Mais la cellule ne fonctionne pas avec cette vision booléenne (c'est-à-dire binaire) du monde. Elle est par essence imprécise, fluctuante, avec des mouvements irréguliers, browniens, aléatoires, insaisissables par cette seule « stéréophonie » du 0 et du 1. La synapse, cet espace virtuel entre deux neurones, fonctionne par des échanges d'un bord à l'autre d'ions positifs et négatifs facilités par des médiateurs chimiques. Mais c'est notre façon d'observer la synapse qui crée la donnée exprimant les passages de ces ions d'un bord à l'autre. Si nous observions la synapse avec d'autres outils – inaccessibles pour l'instant car non fondés sur la vision numérique du monde –, nos conclusions seraient sans doute différentes.

Le modèle cellulaire et les relations intercellulaires sont, je pense, beaucoup plus proches du réel et de notre constitution biologique que les outils

1. *i* est un nombre imaginaire utilisé en mathématique. Normalement, un nombre (positif ou négatif) multiplié par lui-même est toujours positif : (- 1)*(-1) = 1, de même que (+1)*(+1) = 1). *i* est un nombre imaginaire dont le carré est - 1. Cette convention permet de créer des univers à trois dimensions : le plan des nombres réels, et le plan vertical qui lui est perpendiculaire, qui est le plan des nombres imaginaires.

numériques censés les décrire. Partir de la cellule comme outil d'exploration de l'intelligence me semble plus susceptible d'embrasser la complexité de l'intelligence que la réduction numérique que nous en avons faite.

## UN NÉODARWINISME INFORMATIQUE

Le néodarwinisme[1] a permis, grâce à l'étude du génome, de donner une explication plus approfondie des mécanismes qui ont présidé à l'évolution. Appliqué à l'informatique, cela signifie que l'on ne concevrait plus un ordinateur comme une machine traitant des 0 et des 1 au moyen de processeurs, mais l'on partirait de la cellule en tant qu'objet, détourné pour accomplir des tâches – comme cela est envisagé pour les ordinateurs biologiques (voir *infra*).

Si l'on tient pour envisageable ce qui précède (le fait que notre conception numérique du monde n'est qu'une façon possible de l'observer), il n'est pas illogique d'imaginer deux changements fondamentaux :

- d'abord de se fonder sur le fonctionnement de la cellule pour accomplir des tâches ;
- ensuite, de s'ouvrir à l'idée que les cellules qui nous constituent puissent obéir à d'autres lois que celles que notre représentation mathématique a posées pour les observer.

Par exemple, à la suite de l'observation des synapses au moyen de nos outils (microscope électronique, mesures des potentiels et des échanges ioniques, etc.), on a réduit le passage de l'influx nerveux d'un neurone à un autre à une dépolarisation membranaire utilisant des transferts d'ions calcium et potassium grâce à l'action de neurotransmetteurs, une synapse pouvant libérer plusieurs neurotransmetteurs distincts. C'est ce qui a été formellement observé et qui ne peut pas être remis en cause. Ce qui peut être remis en cause, en revanche, c'est la nature des outils de mesure et

1. Théorie de l'évolution fondée sur la sélection naturelle de variations aléatoires du génome[1]. Elle est aussi appelée « synthèse néodarwinienne », « théorie néodarwinienne de l'évolution » ou plus simplement « néodarwinisme ».

d'observation. On peut penser que, en appliquant la même méthodologie scientifique à d'autres outils de mesure et d'observation, on sera en mesure de décrire des phénomènes qui nous sont invisibles. Pour donner une comparaison, nos yeux humains sont incapables de voir dans le noir complet, alors qu'une caméra infrarouge ou les capteurs de température d'un serpent peuvent le faire : outils d'observation différents, vision différente, compréhension différente !

Notre incapacité actuelle à définir ce qu'est la conscience de soi, la compréhension, l'inventivité (donc l'adaptation) et même la mémoire ne pourrait-elle pas être due au seul fait que nous décrivons ces phénomènes avec des outils issus des mathématiques et non avec des outils issus du vivant ?

On peut alors se poser la question suivante : pour qu'une machine aboutisse au stade de la conscience humaine, ne devrait-elle pas passer par le même chemin de l'évolution que celui que nous avons suivi ? Cela voudrait dire : une machine unicellulaire primitive qui se divise en deux machines identiques, lesquelles peu à peu mutent et donc se différencient pour aboutir à des « ordinateurs pluricellulaires » soumis à la promiscuité et à la compétition pour survivre. Ces ordinateurs pluricellulaires devraient alors apprendre ce qu'est un autre ordinateur qui diffère d'eux et savoir déclencher envers leurs congénères des réactions d'agressivité ou de coopération, voire d'échanges par le biais de médiateurs puisés dans l'environnement immédiat.

> *C'est ce que nous constatons à l'échelle de notre organisme, où la spécialisation des cellules les amène à se savoir différentes (la cellule cancéreuse, par exemple) et à jouer leur survie selon un mode qui leur est propre. De la même façon, les maladies auto-immunes sont les témoins pathologiques de la non-acceptation, par nos cellules immunitaires, d'autres cellules qui pourtant font partie d'un même organisme : nous développons des anticorps anti-rein, anti-cœur, etc., parce que notre organisme les considère comme étrangers et comme indésirables.*

Amener ensuite ces ordinateurs pluricellulaires à intégrer la notion de survie en tant qu'organisme et en tant que parent d'une génération suivante leur conférerait une conscience de leur finitude, donc de leur propre mort. Ensuite, ce serait le grand saut de la reproduction sexuée avec ses conséquences : la sexualité des ordinateurs mâles et femelles, la notion de famille, de lignée et de dynastie (ce que les ordinateurs possèdent déjà du fait de la notion de version 1.0, 2.0, etc.).

Mais il leur faudrait également percevoir la souffrance et les émotions qui nous traversent, et que cela se répercute dans leur « chair ». Ils devraient aussi appréhender la subjectivité du temps qui passe et qui est, pour nous humains, d'une relativité extrême – ce que la machine ne peut percevoir puisqu'elle est réglée par une horloge infaillible. C'est la somme de ces failles et de ces imperfections qui fait notre humanité, ce que ni les bases de données actuelles, ni les programmes qui les interrogent ne peuvent accepter. Il est bien sûr possible d'assouplir la rigidité des données en les dotant de coefficients positifs ou négatifs déclenchés dans toutes les zones de calcul où la variabilité des comportements humains peut induire des décisions éventuellement contradictoires. Mais alors que l'être humain a parfaitement conscience des conséquences de ces failles et peut en éprouver, par exemple, de la culpabilité, la machine en est bien incapable puisqu'elle n'est pas consciente d'elle-même.

## DES MACHINES BIOLOGIQUES

Ce type de machines, réalisées par Léonard Adelman[1], utilise l'ADN d'une cellule comme disque dur, l'ARN messager comme mémoire vive, les ribosomes comme lecteur de programme et les protéines résultantes comme donnée résultante permettant de donner un ordre à d'autres composants de la cellule. Ce que font nos machines à une vitesse colossale, mais en utilisant des puces et des circuits. Dans la machine biologique, c'est une cellule qui peut être affectée à une tâche et communiquer avec des milliards d'autres grâce à des médiateurs ou des hormones. Rien de moins qu'un réseau d'ordinateurs inter-communicants !

Ces cellules peuvent être nos propres cellules-souches. Elles sont donc duplicables à l'infini, implantables, programmables, interchangeables et proviennent de notre propre corps. En les alliant à des imprimantes biologiques, on a théoriquement la possibilité de fabriquer des organes

---

1. *Molecular Computation of Solutions To Combinatorial Problems* (1994). Il décrit l'utilisation expérimentale de l'ADN dans les systèmes informatiques.

intelligents et communicants. De quoi révolutionner les greffes, le traitement des cancers, l'antibiothérapie, etc.

Bien sûr, ce n'est pas pour tout de suite. Le chemin jusqu'à cette étape semble déjà incommensurable avec les outils dont nous disposons. Nos machines sont construites grâce à des modèles mathématiques et arithmétiques. Les termes « numérique » ou « digital » traduisent très précisément leur fonctionnement. La vision que l'être humain a du monde qui l'entoure ne peut s'appréhender que grâce à des mesures (l'exploration de la matière) et à de la philosophie (l'exploration des idées). Entre les chiffres qui gouvernent les machines et la philosophie qui pétrit notre cerveau d'humain, il y a un monde infranchissable.

Les transistors électroniques dont sont équipées les machines ont deux limites : d'abord, ils ne pourront pas être miniaturisés au-delà de quelques dixièmes de nanomètres (on en viendrait alors à l'échelle de l'atome[1]) et l'on va rapidement atteindre des limites infranchissables ; ensuite, ils ne sont capables que de laisser passer le courant ou non (c'est ce qui induit que le langage informatique est constitué de 0 et de 1). Or les informations véhiculées d'un neurone vers un autre grâce aux synapses qui les relient sont autrement plus riches et plus complexes que la fonction binaire d'un transistor.

Le langage mathématique des machines, qui leur permet de transmettre de l'information, est très éloigné de notre fonctionnement biologique. Les cellules n'utilisent pas des chiffres pour communiquer, mais des ions ou des molécules qui font passer l'information. Le « réseau neuronal » dont on parle en informatique n'a, sur le plan fonctionnel, pas le moindre rapport avec nos réseaux de neurones. C'est plus une image que la réalité.

Tant que nos machines utiliseront les mathématiques pour fonctionner, elles ne seront qu'une pâle imitation de ce que font nos cellules nerveuses. L'ordinateur biologique en est à ses débuts, il est d'une lenteur extrême, mais, c'est un modèle qui se rapproche de notre fonctionnement cellulaire. Sans doute est-ce une piste qui pourra être explorée grâce aux nanotechnologies. Mais on est encore loin du compte.

---

1. Le plus petit moteur au monde serait de l'échelle de l'atome : cet engin imaginé – et pas encore réalisé – n'est constitué que de deux atomes, l'un chargé électriquement, l'autre neutre, mis en marche grâce à un peu de lumière seulement.

En ce jour lointain que personne ne souhaite, on pourra alors peut-être commencer à parler d'« intelligence artificielle générale », car les machines auront alors suivi la même aventure que celle de l'être humain. Conscientes d'elles-mêmes et donc se projetant dans le futur, elles ne seront pas imaginatives seulement par des essais et des itérations comme le font les robots curieux, mais parce qu'elles auront acquis au long de ce « néodarwinisme informatique» des parcelles progressives d'intelligence leur permettant de survivre et d'en avoir conscience.

# La peur de l'intelligence artificielle

Imaginons une machine ayant franchi tous les stades du « néodarwinisme informatique». La question éthique se posera alors inéluctablement. Si cette piste aboutissait à une machine capable d'apprendre, d'imaginer, de comprendre et d'avoir conscience d'elle-même, le plafond de verre qui nous protège d'elle exploserait. Cette intelligence artificielle fantasmatique est semblable à une guêpe qui vole inlassablement pour échapper à sa prison, cette cloche de verre où on l'a enfermée. La guêpe n'a pas conscience qu'il n'y a aucune issue parce qu'elle ne comprend pas ce qui a été à l'origine de sa séquestration. Elle ne pourra jamais s'échapper et piquer celui qui l'a enfermé, puisqu'elle ne peut pas sortir en sortir. Le risque pour l'humanité serait que celui qui l'a enfermé soulève la cloche de verre et qu'elle le pique.

## LES PEURS LÉGITIMES

Je pense avoir démontré que l'intelligence artificielle de nos pires cauchemars n'existe pas et n'est pas près de voir le jour. Nous avons peur que la machine déshumanise la médecine, alors que notre médecine est déjà déshumanisée, non pas à cause de la technique, mais parce que, depuis quarante ans, nous avons privilégié la technique plutôt que la relation humaine.

Les médecins ont peur que la machine les remplace, et il est clair que, par rapport à la médecine du XIXe siècle où le médecin n'avait que ses mains et quelques instruments, mais disposait d'un pouvoir absolu sur son patient, l'évolution des techniques n'a fait que repousser peu à peu le champ de ses possibilités. Aucun médecin ne se risquerait désormais à opérer une simple appendicite, c'est le rôle des chirurgiens ; la spécialisation progressive a modifié l'exercice de la médecine et, en dehors des spécialistes qui réalisent des actes techniques complexes, la médecine quotidienne des généralistes est avant tout fondée sur la prescription et l'orientation vers des spécialistes.

Quand j'ai commencé à exercer, en 1980, nous recevions en permanence des appels pour douleur thoracique pour lesquels nous nous déplacions systématiquement. Depuis les années 2000, toute douleur thoracique présentant un certain caractère de gravité est traitée par le Samu, afin que l'on puisse intervenir très rapidement et mettre en place une thrombolyse. Nous faisons de moins en moins d'injections intraveineuses en raison des recommandations des autorités de santé. Bref, notre métier s'est en quelque sorte « rétréci ».

La machine va encore rogner davantage sur le domaine d'action des médecins dans le diagnostic, l'examen clinique et, surtout, le traitement. On peut penser que l'action des médecins va se cantonner progressivement à celle de simples lanceurs d'alerte. Les spécialistes en particulier verront leurs prérogatives diminuer en raison de la progression de la robotique. C'est finalement l'ensemble de la pratique médicale qui va être profondément transformée d'ici à quinze ans.

Et comme les protocoles diagnostiques ou thérapeutiques vont fixer la norme de ce qui doit être fait ou ne doit pas être fait par le médecin, son espace de liberté va se rétrécir jusqu'à l'asphyxie. Or la relation médecin-patient passe d'abord par la compréhension de la situation personnelle du patient, par l'établissement d'un lien de confiance et par la négociation. Toutes choses qui ne peuvent s'inscrire dans aucun protocole. Si le médecin est enfermé dans des protocoles qu'il va être obligé de suivre sous peine de se voir attaqué en justice, sa liberté de jugement sera gravement entravée. Aucune transgression possible. Aucun compromis. On aura fait du médecin un être froid, « protocolisé », agent docile d'une pensée dominante, vidée de toute empathie – car c'est un facteur de désordre et de perturbation.

Cette peur d'une certaine déshumanisation est, elle aussi, légitime.

# LES DANGERS RÉELS

Par contre, « la peur n'exclut pas le danger ». Et ce danger réside dans plusieurs inventions qui n'ont rien à voir avec la santé.

Il y a d'abord le risque de voir émerger des capteurs d'une durée de vie supérieure à la nôtre, des sortes de « mouchards éternels ». Leur longévité[1], leur hyperspécialisation et la capacité d'une intelligence artificielle centrale à colliger toutes ces données et à leur donner non pas un sens, mais une valeur corrélative, aussi sûrement que les mille facettes des yeux d'une mouche informent son cerveau, auraient pour conséquence une destruction totale de notre espace de liberté grâce à la reconnaissance faciale, à l'horodatage, à la géolocalisation et aux données issues des capteurs. Personne ne pourra plus dissimuler ses faits et gestes, y compris dans son intimité – la domotique, la maison connectée, au-delà de leurs bonnes intentions, détiennent en elles un poison mortel.

Il y a aussi le risque que cette intelligence artificielle centrale soit en mesure, grâce à sa puissance de calcul, de décider de notre maintien ou non dans un système préventif coercitif pour des raisons de transhumanisme ou de régulation économique de la santé publique.

Il y a enfin le risque lié à la perspective de la 5G qui réduira à une ou deux millisecondes le temps de latence entre l'information venue des capteurs et la machine qui les recevra. En soi c'est plutôt une avancée, car cela permettra l'envol de la voiture automatique. Mais si l'on y réfléchit bien, cela signifiera la possibilité d'intervenir sans délai sur tout ou partie de nos vies et de piéger en temps réel le moindre de nos faits et gestes.

Ce monde 4.0, c'est lui le vrai danger. D'autant plus que la machine restera toujours ce qu'elle est : stupide, donc dangereuse !

---

1. Les capteurs vont devenir autonomes en transformant l'énergie de leur environnement en électricité. Par exemple, l'énergie récupérée chaque fois qu'une personne appuie sur un interrupteur, ou les vibrations recueillies dans la rue au passage des voitures, permettent de recharger les piles des capteurs, voire de se passer de piles. Un capteur pourra ainsi vivre en toute autonomie pendant plusieurs dizaines d'années. C'est ce qu'on appelle l'*energy harvesting*.

# RÉHUMANISER LA MÉDECINE

Depuis les années 1980, le médecin a fait allégeance au tout-technique, perdant peu à peu son âme de sorcier et de soignant. Et la machine va le déposséder de sa technicité et de son acte intellectuel. Il ne lui restera plus qu'à réinvestir ce qui est le fondement de la médecine : la relation avec son patient. Retrouver le pouvoir de l'empathie et de l'écoute active, c'est le futur domaine de reconquête de la médecine. Notre métier va certes changer à cause de la machine, mais il va se bonifier et nous ramener à l'origine de notre vocation de médecin.

Nous allons développer, grâce à des informations plus normées et complètes, des stratégies d'écoute pour savoir déceler quelle est la véritable plainte du patient et la véritable demande qui se cache derrière ses symptômes. Les diagnostics seront effectués plus précocement, les traitements seront plus sûrs, et le médecin devra les inscrire dans la réalité et dans la vie de son patient. Nous allons peu à peu aller du médical vers le médico-social.

Se posera alors la question d'une mutation du métier de médecin, entre les soignants chargés de la relation avec le patient et les techniciens dédiés au dialogue avec les machines. Cela mettra du temps, peut-être trente ans, car l'intelligence artificielle a encore de très grands progrès à faire pour arriver à la cheville de l'intelligence humaine.

Ce n'est pas de l'intelligence artificielle dont nous devons avoir peur, mais de tout ce qui, entre ses mains, pourrait devenir un danger pour nos libertés d'êtres humains. C'est à la société des hommes de prendre en main son destin face aux machines en se servant de l'intelligence artificielle qu'ils créent jour après jour.

# Les sorciers du futur

C'est à nous tous de construire le monde qui vient. Tous, c'est-à-dire l'humanité entière. Les individus, de par leur inventivité, mais aussi les sociétés humaines, qui vont de plus en plus contrôler les dérives des individus. Alors que l'entropie de l'univers augmente, celle de l'espèce humaine ne fait que diminuer pour aboutir à un ordre naturel. La révolution numérique chinoise est un exemple de sacrifice « consenti » de la liberté pour plus de sécurité et de maîtrise du monde et de l'environnement. Le prix à payer en vaut-il la chandelle ? Ne risquons-nous pas de perdre plus que nous croyons gagner ? Ce monde 4.0 que nous aurons créé ne sera hélas pas intelligent : il sera normé, coercitif, liberticide. Nous aurons fabriqué une « inintelligence artificielle » que nous ne pourrons plus maîtriser.

Nous aurons alors joué les apprentis sorciers.

Il est facile d'imaginer les conséquences d'une telle inconséquence : au nom de la demande de soins galopante, de la recherche éperdue du risque zéro et de notre peur abyssale de la mort, nous aurons fabriqué des machines chargées de penser à notre place et à qui nous déléguerons le pouvoir de choisir ce qui est bon pour chaque individu. Une sorte d'enfer à mi-chemin entre *Soleil vert* et le *Meilleur des mondes*. Notre condition humaine aura évolué vers un posthumanisme effroyable, une sorte de vie à deux vitesses entre un petit nombre de privilégiés, sortes d'*Homo bionicus* qui pourra échapper aux lois imposées par la machine parce qu'il aura pu accéder aux bienfaits des synthèses d'organes et de la thérapie génique, et la masse des autres, cet *Homo anticus* qui, ne pouvant en bénéficier, devra se soumettre au diktat des machines.

L'ancêtre du médecin, c'est l'homme-médecine, le chaman, le sorcier, celui qui est chargé par la communauté de guérir la maladie, de soulager les maux et de repousser les frontières de la mort. Le médecin moderne, s'il n'a plus de commune mesure avec le sorcier, possède toutefois au fond de lui une partie de son âme. La technique sur laquelle notre médecine s'est fondée a été bouleversée depuis les années 2000 par des matériaux aux propriétés extraordinaires, une connaissance accrue de la cellule et de l'organisme humain, et une numérisation du vivant qui ont abouti à la médecine actuelle telle que nous la connaissons. La révolution Internet et l'accession de l'intelligence artificielle à la pensée médicale sont un pas inédit et transgressif. C'est notre chance ! Ne la gâchons pas par des peurs sans fondement ou par un aveuglement rétrograde.

Car lorsque la médecine aura été totalement réhumanisée, « ce sera pour les patients et la société tout entière la certitude que leur sorcier est enfin revenu du pays lointain où il avait perdu son âme[1] ».

Paris le 1er mars 2019

1. Loïc Étienne, *La Mort du sorcier*, Albin Michel, 1992.

# Bibliographie


Laurent Alexandre, *La Guerre des intelligences,* JC Lattès, 2017.

Jérôme Béranger, *Les Big Data et l'éthique*, ISTE Éditions, 2016.

Georges Canguilhem, *Le Normal et le pathologique*, PUF, 1966.

George Chapouthier et Frédéric Kaplan, *L'Homme, l'animal et la machine*, CNRS Éditions, 2011.

Marc Batty, Pirmin Lemberger, Médéric Morel et Jean-Luc Raffaëlli, *Big data et machine learning*, Dunod, 2016.

Christine Afriat et Jacques Theys (dir.), *La Grande Transition de l'humanité : de Sapiens à Deus*, FYP Éditions, 2018.

Jean-Louis Dessales, *Des intelligences très artificielles,* Odile Jacob, 2019.

Pedro Domingos, *How the Quest for the Ultimate Learning Machine Will Remake Our World,* Basic Books, 2015.

Gérard Donnadieu et Jacques Lorigny (coord.), « Les systèmes symboliques », *Res-Systemica*, vol. 9, 2011 (synthèse du groupe de travail de l'AFSCET, 2007-2010 ; http://www.res-systemica.org/afscet/resSystemica/symbolique11/introductionSS.pdf).

Loïc Étienne, *La Mort du sorcier,* Albin Michel, 1992.

Michel Foucault, *Naissance de la clinique*, Paris, PUF, 1982.

Jean-Gabriel Ganascia, *Le Mythe de la singularité,* Le Seuil, 2017.

Jean-Gabriel Ganascia, *Intelligence artificielle : vers une domination programmée ?*, Idées reçues, 2017.

Jean-Claude Jeudin, *Comprendre le deep learning : une introduction aux réseaux de neurones*, Science eBook, 2016.

Bernard Lachaux et Patrick Lemoine, *Placebo, un médicament qui cherche sa vérité*, Medsi/MacGraw-Hill, 1988.

Claude Lévi-Strauss, *Anthropologie structurale*, PUF, 1968.

Jean-Paul Lévy, *Le Pouvoir de guérir*, Odile Jacob, 1991.

Stéphane Mallard, *Disruption*, Dunod, 2018.

Olivier Rey, *Leurre et malheur du transhumanisme*, Desclée de Brouwer, 2018.

Éric Sadin, *L'Intelligence artificielle ou l'enjeu du siècle*, L'échappée, 2018.

Aurélien Vannieuwenhuyze, *Intelligence artificielle vulgarisée. Le machine learning et le deep learning par la pratique*, Éditions ENI 2019.

Catherine Vial, *Nos cerveaux resteront-ils humains ? Manifeste*, Le Pommier, 2019.

Édouard Zarifian, *Les Jardiniers de la folie*, Odile Jacob, 2000.

Olivier Ezratty, *Les Usages de l'intelligence artificielle*, 2018 (https://www.oezratty.net/wordpress/2018/usages-intelligence-artificielle-2018).

Claudine Herzlich et Janine Pierret, *Malades d'hier, malades d'aujourd'hui*, Payot, 1984.

# Table des matières

**L'intelligence artificielle en question**

# Remerciements

Merci aux bonnes fées qui ont accompagné ces sorciers du futur : Olivia Maschio Esposito qui a soutenu ce projet, Laura Zuili pour sa constance et son amitié, Élisabeth Boyer pour son formidable talent de relecture, et Rica Étienne ma sorcière bien-aimée.